簡單手縫 × 黏合就 OK！

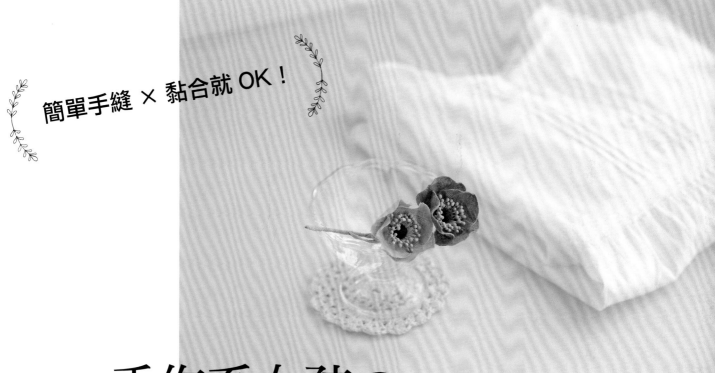

手作系女孩の
小清新布花飾品設計

該如何以布料製作美麗的花朵飾品呢？

從日常穿搭的休閒配飾，到適合精心打扮時配戴的優雅花飾，

各式各樣應有盡有！

而且不需要使用「專業級」的特殊工具，

只要經過手縫或黏合，就能作出生動的花形。

請跟著本書簡單易懂的圖解教作，

挑選喜歡的配飾立刻動手作作看吧！

設計&製作者

永田由実子（布花はな＊はな）
Shop　https://minne.com/@nunohana8787
Instagram　nunohanahanahana

長内さくら（BB LUCK）
Shop　https://minne.com/@bb-luck
Instagram　_bb_luck_

西村明子

永田恵子（taneaccessory）
Shop　https://minne.com/@tokeitaimo
Instagram　taneaccessory1116

岩本享子（divers＜ディヴェール＞）
HP　http://divers87.wixsite.com/divers
Instagram　divers8787

STAFF
編輯…柳花香・小堺久美子
整合編輯…和田尚子
攝影…藤田律子・腰塚良彦
書本設計…牧陽子
製圖…白井郁美
作法校對…関口恭子

拍攝協助

DO！FAMILY原宿本店　☎03-3470-4456　　HP　http://www.do-family.co.jp/
AWABEES　　　　　　 ☎03-5786-1600
UTUWA　　　　　　　 ☎03-6447-0070

Contents

春飛蓬&
白頂飛蓬

作法 1…P.38
2…P.42

1

2

剪出圓形花瓣可作成春飛蓬，剪成細細的花瓣則變身成
白頂飛蓬。只要將葉子形狀或花心顏色稍加變化，就能
營造出可愛氣息或成熟感。

設計・製作／永田由実子

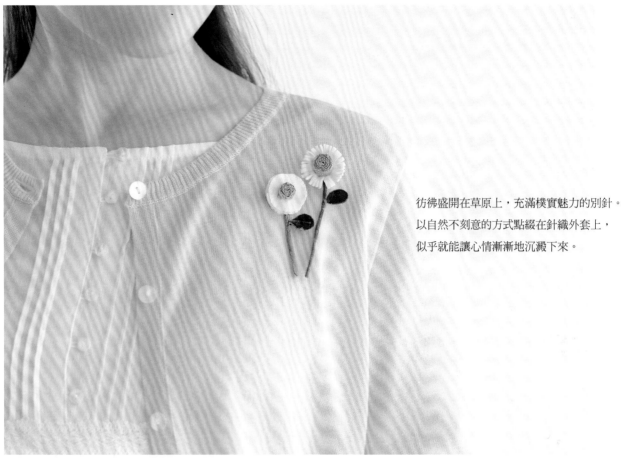

彷彿盛開在草原上，充滿樸實魅力的別針。
以自然不刻意的方式點綴在針織外套上，
似乎就能讓心情漸漸地沉澱下來。

針織外套・襯衫／DO！FAMILY原宿本店

別在休閒風的側背袋上，
成為一個美麗的亮點。

白花三葉草 & 幸運草別針

作法…P.44

一片一片仔細地將白花三葉草的花瓣作出彷真的立體感,並添加四葉幸運草來襯托花朵的潔白。

設計・製作／永田由実子

3

罩衫／DO！FAMILY原宿本店

繽紛色の
白花三葉草髮圈

作法…P.45

將白花三葉草加以變化，以各色布料製成可愛的髮圈。你也挑選喜歡的顏色作作看吧！

設計・製作／永田由実子

4

粉紅繡球花
別針

作法···*P.46*

以淡淡的粉紅色，完成高雅印象的繡球花
別針。中心使用金色花蕊，更增添了華麗
氛圍。

設計・製作／永田由実子

5

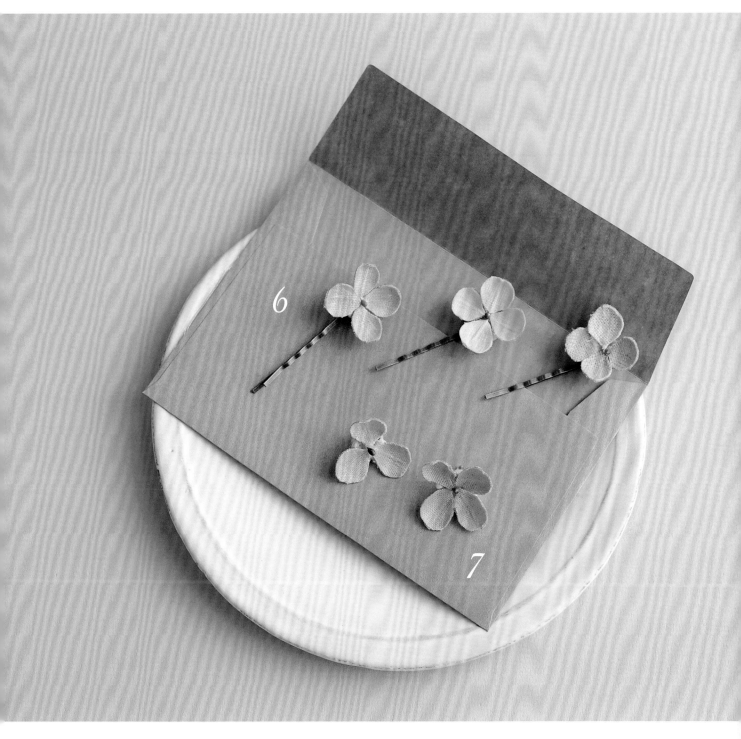

繡球花
髮夾&耳環

作法⋯*P.49*

將惹人憐愛的繡球花一朵一朵地改造成髮夾&耳環。
戴上洋溢著溫柔感的飾品,就能為女性魅力大加分!

設計・製作／永田由実子

百合胸花

作法…P.48

8

設計・製作／永田由実子

端莊的百合花是大人風的胸花。以膠水加工的布料在經過扭轉之後，呈現出生動的樣貌，僅配戴一朵也相當有存在感。最適合在慶祝場合等特別的時刻配戴。

尤加利葉
別針

作法…P.41

9

筆直向上伸展的尤加利葉別針，就如從植物標本中取出般的真實。
將無染色無漂白的亞麻布剪成一片片的葉子形狀，再以湯匙壓成圓弧狀就完成了！

設計・製作／永田由実子

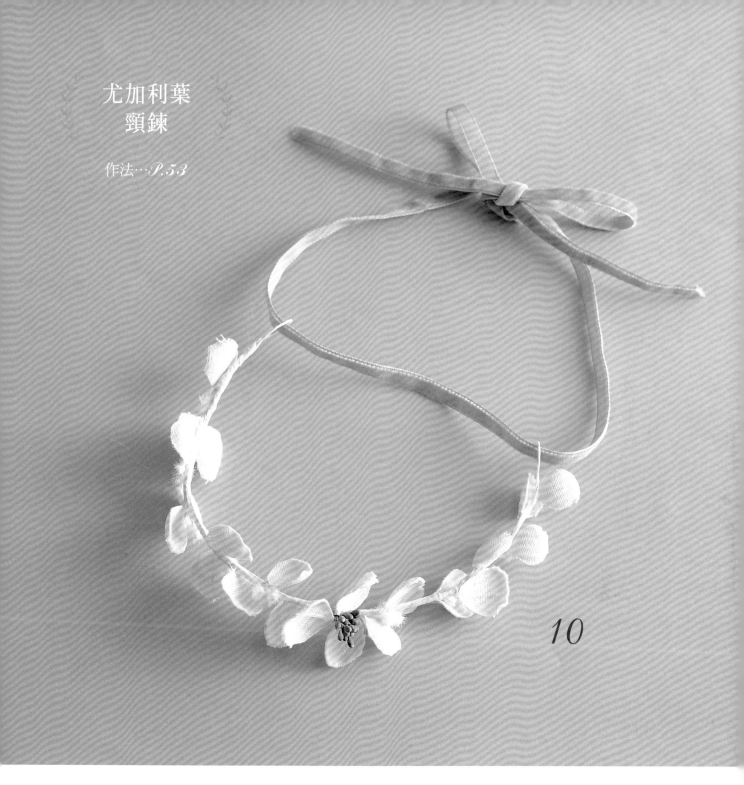

尤加利葉
頸鍊

作法…P.53

10

在串連圓形葉子的莖上，添加紫色果實作為視覺重點。即便頸鍊是時尚達人才能
搭配自如的品項，若作成清純的白色尤加利葉風格，似乎就比較容易穿搭了！

設計・製作／永田由実子

11

 橘黄色の
雛菊

作法…P.50

以明亮的橘黃色引人注目的雛菊別針。重點在
於以布料仔細扭轉而成的花型。因為極具存在
感，作為整體搭配的重點似乎很不錯唷！

設計・製作／永田由実子

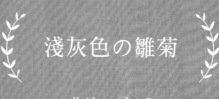

淺灰色の雛菊

作法…P.50

12

與作品11不同配色的別針，是以米白色×灰色的布料製作而成。樸實的
質感帶給人沉穩的印象。花別針中央綁上蝴蝶結則能加強整體感。

設計・製作／永田由實子

白色薰衣草
一字別針

作法…P.52

予人蓬鬆輕柔印象的白色薰衣草別針。
將人造花蕊穿入剪成圓形的亞麻布後，
以纏繞花蕊的方式來製作花朵。

設計・製作／永田由実子

13

鈴蘭胸花

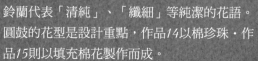

作法⋯P.54

鈴蘭代表「清純」、「纖細」等純潔的花語。
圓鼓的花型是設計重點,作品14以棉珍珠・作
品15則以填充棉花製作而成。

設計・製作／永田由実子

15

14

牛仔布繡球花

作法…*P.56*

16

以牛仔布製作大人氣的繡球花，
完成帶有休閒感的飾品。不會過
於甜美的素材質感是一大重點。

設計・製作／岩本享子

繡球花髮夾

作法…P.58

17

18

將一朵朵的繡球布花堆疊成立體感的造型髮夾。
以存在感十足的設計，將背面的造型點綴得更加華麗。

設計・製作／岩本享子

繡球花項鍊

作法…P.59

襯衫／DO！FAMILY原宿本店

只要將主題素材穿線固定即可完成，是一款作法極為簡單的項鍊。花朵可保持一定間距排放，也可以隨意地排放，隨自己的喜好來配置吧！

設計・製作／岩本享子

如真實的繡球花一般的深紫色，
看起來非常美麗，
搭配白襯衫更加出色。

將花朵上下方的繩子打結固定，
花朵就不會移動囉！

迷你玫瑰耳環

作法…*P.59*

無論是花瓣的重疊方式或花萼的形狀,看起來都宛如真花一般的迷你玫瑰耳環。以鍊子加長,使耳環在耳邊搖晃的設計,有種纖弱的美感。

設計・製作／岩本享子

22

23

迷你玫瑰
一字別針

作法…P.60

試著將外型與作品22相同的迷你玫瑰作成一字別針。
因為尺寸小巧，建議也可製作不同顏色的別針，以相疊的方式別在一起。

設計・製作／岩本享子

罌粟花別針

作法…*P.62*

顏色雖然略暗，卻具有可愛的女性魅力的罌粟花別針。在中心以花蕊＆毛球加以裝飾後，看起來更加仿真生動。

設計・製作／長內さくら

24

襯衫／DO！FAMILY原宿本店

25

 罌粟花髮圈

作法…*P.63*

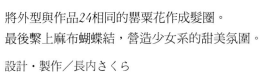

將外型與作品24相同的罌粟花作成髮圈。
最後繫上麻布蝴蝶結，營造少女系的甜美氛圍。

設計・製作／長內さくら

三色菫別針

作法⋯P.64

針織外套／DO！FAMILY原宿本店

乳白色×藍色・乳白色×紫色，
以重疊不同顏色布料的方式來表現三色菫的花瓣，作出高雅的別針。
最後再繫上黑色蝴蝶結增添時尚感。

設計・製作／長內さくら

三色菫耳環

作法…*P.61*

27

三色菫耳環超吸睛！戴在耳邊，就能為臉龐帶來華麗的視覺印象。作品所需的部件不多，特別推薦新手製作唷！

設計・製作／長內さくら

勿忘草
手鍊＆耳環

作法　28⋯*P.65*
　　　29⋯*P.66*

群聚盛開的小巧花朵，就是勿忘
草。以纖細可愛的外型為主題，作
成手鍊＆耳環。由於是採用以紅茶
或咖啡染色的布料製作而成，因此
帶有些許的復古氣息。

設計・製作／長內さくら

28

29

三色堇＆勿忘草
胸花

作法…*P.67*

30

以蕾絲緞帶將三色堇＆勿忘草綁成花束般的美麗胸花。使用古董質感的布料，
以紅茶或咖啡染成自己喜歡的顏色吧！

設計・製作／長內さくら

蒲公英別針

作法…P.68

蒲公英的魅力在於洋溢著樸實感。花朵以細裁的布料纏繞而成，葉子則作成鋸齒狀，簡單中也不乏精緻感。

設計・製作／永田惠子

含羞草別針

作法…P.70

32

以黃色絨布纏繞花藝專用鐵絲，作成含羞草的花苞。
這是一款無論休閒或正式裝扮都百搭的別針。

設計‧製作／永田惠子

33

葉子髮飾

作法…*P.72*

將綠色布料剪成簡單的葉子形狀，並加以組合，作成充滿自然感的髮飾。在髮飾中隨意地加上白色的果實，更能增添纖細質感。

設計・製作／永田惠子

藍色&白色果實の
別針

作法…P.73

隨意加上些許小果實的葉子別針，與柔軟的披肩搭配起來也相當好看。想讓整體搭配呈現清爽感時，特別推薦使用！

設計・製作／永田惠子

34

康乃馨別針

作法…*P.74*

以兩種布料組合成花瓣的康乃馨。只要
將花瓣正面&背面搭配不同的布料花
樣，就能令花朵呈現出更多樣的面貌。

設計・製作／西村明子

35

36

37

 輕柔の花朵別針

作法…P.75

只要將剪成圓丘狀的細長布條，以拉抽縫線的方式縮皺，就能簡單完成花朵別針。不僅能作為穿搭飾品，裝飾物品的效果也很棒喔！

設計・製作／西村明子

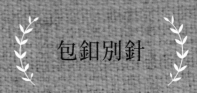

包釦別針

作法…P.76

38

使用小碎布就能簡單完成的包釦
別針。以相同的布料製作，或結
合不同的布料加以組合，享受自
由搭配花色的樂趣吧！

設計・製作／西村明子

小布花
耳針&耳夾

作法⋯*P.78*

39

40

將不同顏色的小布花作成針式與夾式兩種款式
的耳環。以小巧精緻的設計，低調地為耳際增
添色彩。

設計・製作／西村明子

準備工具＆材料

在此介紹製作布花時必備的工具＆材料。

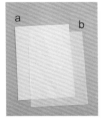

a厚紙板
b薄紙或描圖紙
用於製作紙型。

自動鉛筆
用於描繪書中的紙型。

粉土筆
用於將紙型描繪到布面上。

錐子
用於鑽孔或作出葉脈線條。

裁縫剪刀
剪布專用的剪刀。裁剪紙張時則請使用剪紙專用剪刀。

手工藝剪刀
用於裁剪布料的細部或線頭，建議選用前端尖細的款式。

木工用白膠
以膠水加工使布面繃緊，或用於黏貼布料。

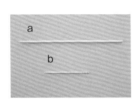

a竹籤　b牙籤
用於沾取木工用白膠或接著劑。

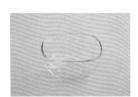

碗
融化木工用白膠，或以紅茶、咖啡進行染色時使用的容器。

量匙
烹飪專用的量匙。用於測量木工用白膠或咖啡的分量。

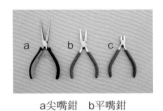

a尖嘴鉗　b平嘴鉗
c斜口鉗
尖嘴鉗＆斜口鉗用於剪斷鐵絲，平嘴鉗則在黏貼飾品的金屬配件時使用。

接著劑
用於將金屬配件黏貼到布花上。因為要使用在金屬上，請選用無溶劑型的接著劑。

熱熔膠槍
加熱棒狀接著劑，使接著劑融化＆用於黏貼的工具。可在短時間內將物件確實地黏牢。

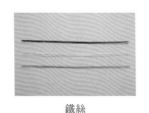

鐵絲
花藝專用的鐵絲。有以紙帶纏繞的包紙鐵絲＆無纏繞的原色鐵絲兩種款式可供選購。本書使用的尺寸為＃24・26・28的包紙鐵絲（白色＆綠色），以及＃22的原色鐵絲。號數越大鐵絲越細。

人造花蕊
亦稱為鐵絲花蕊，作為布花的花蕊使用。市售有兩端皆有花蕊的雙蕊型，以及僅一端有花蕊的單蕊型。

膠水加工的方法

布料經過膠水加工之後，布面將會繃緊，如此一來就能輕鬆地作出花朵的圓形或細部皺褶。加工後的布料可剪下使用，也更容易以白膠黏合。膠水的調配比例沒有一定的標準，可隨喜好自由調整。

在碗中加入150cc的熱水和30cc的木工用白膠（依5：1的比例）。

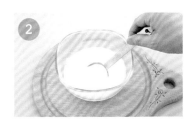

充分攪拌，直至木工用白膠完全融解。

膠水完成了！

將布料放入膠水中，使膠水完全滲入布料。

輕輕扭乾布料。若太用力容易留下痕跡，所以扭乾時要特別小心。

攤開布料，疊放在廚房紙巾等物品上吸除水分。

掛在衣架上晾乾，直至布料完全乾燥。

a膠水加工前　b膠水加工後

使製作過程更加順利的訣竅

建議將木工用白膠裝入瓶罐裡存放。只要將木工用白膠倒在瓶罐的蓋子上，再以竹籤沾取，就能更簡便地使用白膠了！而與其在木工用白膠剛倒出來時立刻使用，倒不如先放一下，讓白膠稍微變乾一點比較容易黏貼。

製作時請在手邊準備一條濕毛巾。若手沾到木工用白膠，就立即以濕毛巾擦乾淨。如此一來，作品上不會沾黏多餘的白膠，成品也更美觀。

P.2-1 春飛蓬

原寸紙型（大花瓣・大花瓣後側・小花瓣・小花瓣後側・葉子）…P.40

材料（1個）

- 大（小）花瓣4片、大（小）花瓣後側1片
  （經膠水加工處理的白色亞麻布）20cm寬4cm
- 葉子1片（綠色絨布）4cm寬2cm
- 莖布1片（綠色絨布）1cm寬6cm
- 圓盤別針（2cm）1個
- 花蕊1片（灰色或黃色亞麻布）15cm寬0.5cm
- ＃24鐵絲（花蕊用・白色）8cm×1根
  （葉子用・白色）6cm×1根

※「膠水加工的方法」參見P.37。

製作花朵 ※在此以大尺寸的作品進行教作解說。

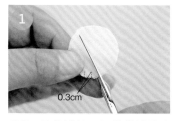

1

重疊2片花瓣後，沿著花瓣邊緣以0.4至0.5cm的間距，逐一剪出0.3cm的牙口。另外2片花瓣作法亦同。

2

重疊4片花瓣＆對摺兩次後，以錐子在中心處鑽孔。

製作花蕊

3

抽出2至3根花蕊布的緯線。

4

將花蕊用鐵絲一端往下凹摺0.5cm。

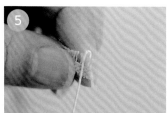

5

將鐵絲凹摺端勾在花蕊布料上。

花蕊完成！

直徑約1cm

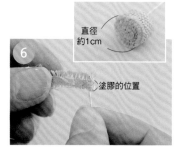

6

塗膠的位置

一邊將花蕊布料的下緣塗上白膠，一邊保持平行地捲起。

將花朵黏在花蕊上

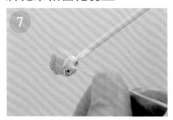

7

將花蕊底部塗上白膠。

8

將花蕊的鐵絲穿入4片花瓣的中心孔。

9

將4片花瓣的夾層面塗上白膠，再一片一片地黏合。白膠請塗在靠近中心的位置，花瓣外側不要黏合。

10

以手指將花瓣往上推，調整位置來固定花瓣＆花蕊。

製作葉子

11

將葉子布料背面一半的部分塗上白膠，再將葉子用的鐵絲以斜向（與布料的經線呈45度斜角）的方式放置上去。

※製作葉子時，請在鐵絲上端預留0.4至0.5cm長的空間（參見步驟14圖示）。

12

對摺葉子布料，包夾鐵絲。

13

將原寸紙型（以影印或描繪在薄、厚紙張上的方式製作）疊放在葉子布料正面，再以錐子刺洞的方式將紙型描繪至布料上。

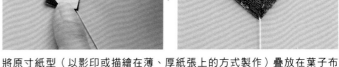

葉子完成！

0.4
至
0.5
cm

---

memo

以粉土筆將原寸紙型描繪到布料上也OK！

14

靜置乾燥至鐵絲無法移動的程度，再剪成葉子的形狀。

黏上花莖布料

15

1.5cm

將鐵絲放在花莖布料上，並塗上白膠。決定葉子加裝位置後，在該處剪一個牙口。

16

將牙口上方的花莖布料包捲起來。

17

在牙口下方加入葉子的鐵絲，再以花莖布料包捲起來。

18

花莖布料黏貼完成。

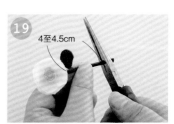

19

4至4.5cm

保留4至4.5cm長的花莖，剪斷多餘的部分。以手指調整修剪端的布邊，不要使鐵絲的斷面外露。

製作花瓣後側

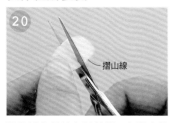

20
將花瓣後側的布料對摺，在摺山線的位置剪一個牙口。
摺山線

21
自花瓣後側布料正面的牙口，穿入圓盤別針。

22
以熱熔槍塗抹熱熔膠，黏合花瓣後側＆圓盤別針。

23
花瓣後側＆圓盤別針組裝完成。

將花瓣後側黏上主花

24
在花瓣後側布料背面的圓盤上，以熱熔槍塗抹熱熔膠。

25
黏合花瓣後側＆花朵背面。

26
以熱熔槍在花瓣後側與花朵之間塗入熱熔膠，加強黏合固定。

小＝約7cm　大＝約7.5cm

調整形狀，完成！

1・2 原寸紙型

※重疊2片布料製作1片葉子。
※直線裁的部件依材料標示裁剪即可。

1 大花瓣（4片）
鑽孔。

1 大花瓣後側（1片）
2 花瓣後側（1片）
剪牙口。

1 小花瓣（4片）
鑽孔。

1 小花瓣後側（1片）
剪牙口。

1・2 葉子（1片）

2 葉子（1片）

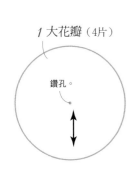

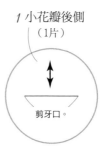

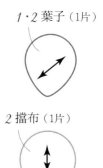

2 擋布（1片）

P.10-9 尤加利葉別針

原寸紙型（花瓣・葉子）…P.41

材料

- 花瓣9片（經膠水加工處理的原色亞麻布）36cm寬2cm
- 葉子1片（經膠水加工處理的白色亞麻布）6cm寬3cm
- 莖布3片（經膠水加工處理的白色亞麻布）0.6cm寬12cm×3片
- 星辰花花蕊（直徑4mm・單蕊型・金色）9根
- 胸針式別針（2.5cm）1個
- ＃24鐵絲（花瓣用・白色）12cm×9根
- ＃26鐵絲（葉子用・白色）12cm×1根

※「膠水加工的方法」參見P.37。

製作花朵

1 將花瓣布料剪成9片4cm×2cm的布片，再將各布片對摺，中間夾入鐵絲，作出9片花瓣（花瓣作法參見P.46步驟1至4）。

製作枝條

2 以3片花瓣＆3根花蕊製作枝條A。先斜剪莖布，再捲繞於花瓣連接莖部處＆以膠水黏合。

3 將3根花蕊與花瓣接合在一起，以莖布纏繞。

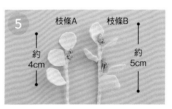

4 先在花蕊下方加入1片花瓣，再往下方加入1片花瓣，並一一纏捲固定。

5 枝條A完成。依相同作法，以5片花瓣＆6根花蕊製作枝條B。

製作葉子

6 製作葉子（葉子的作法參見P.39步驟11至14）。

組裝

7 將葉子、花瓣、枝條A、枝條B全部組裝在一起。

8 將枝條A和枝條B合在一起＆在下方加入花瓣，再將莖布塗上白膠，在花瓣與枝條的相接處纏繞1圈。

9 自後側加入別針，將莖布塗上白膠纏繞2至3圈。

10 自前側加入葉子。

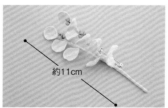

11 在葉子下方保留一段長3.5cm的鐵絲，剪斷多餘的部分。再以塗膠的莖布纏繞至邊緣為止，並剪去多餘的莖布。

調整形狀，完成！

9・10 原寸紙型

※重疊2片布料製作1片葉子或花瓣。
※直線裁的部件依材料標示裁剪即可。

9 葉子（1片）

9 花瓣（9片）
10 花瓣（22片）

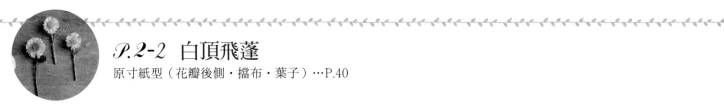

P.2-2 白頂飛蓬
原寸紙型（花瓣後側・擋布・葉子）…P.40

材料（1個）

- 花瓣1片（經膠水加工處理的白色亞麻布）5cm寬2.4cm
- 花瓣後側1片（經膠水加工處理的白色亞麻布）4cm寬4cm
- 擋布1片（經膠水加工處理的白色亞麻布）2cm寬2cm
- 葉子1片（經膠水加工處理的黃綠色亞麻布）6cm寬3cm
  　　　或葉子1片（綠色絨布）4cm寬2cm
- 莖布1片（經膠水加工處理的黃綠色亞麻布）1cm寬12cm
  　　　或莖布1片（綠色絨布）1cm寬6cm
- 花蕊1片（黃色或灰色亞麻布）15cm寬0.5cm
- ♯24鐵絲（花蕊用・白色）8cm×1根
  　　　　　（葉子用・白色）6cm×1根
- 圓盤別針（2cm）1個

※「膠水加工的方法」參見P.37。

製作花朵　※以成品圖右側作品進行教作解說。

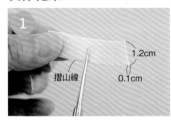

1

對摺花瓣布料後，保持0.1cm的間距，沿著摺山線剪出一道道0.7cm長的切口。

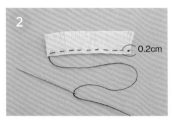

2

在距離花瓣布料下緣0.2 cm處平針密縫。
※為了使作法簡單易懂，在此將縫線換成醒目的顏色。

製作葉子

3

拉抽縫線，將花瓣縮皺成圓形。

4

在中心處用力拉緊，以十字交錯縫合固定。

5

花朵完成。

6

將鐵絲夾在葉子布料中間，以白膠黏合（參見P.39步驟11・12）。
※製作葉子時，需在鐵絲上方保留1cm長的空間（參見步驟10圖示）。

7

將紙型描繪到布料上。先剪出葉子的輪廓，再仔細地將葉子邊緣剪成鋸齒狀。

8

捏住葉子的尖端並稍作拉扯，使葉形變得又尖又細。

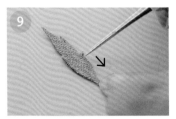

9

將錐子傾斜至與布面呈45度角，按壓葉子邊緣的鋸齒尖角，使尖角往葉子跟莖相連的方向翹起，並壓出葉脈線條。

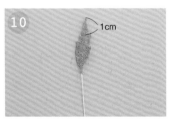

10

葉子完成。

製作花蕊＆裝上花朵。

11 製作花蕊，並黏貼在花朵的中心部位（參見P.38步驟3至8）。

纏繞莖布

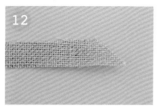

12 斜剪莖布。

13 將莖布置於花朵中心下方，塗上白膠。

14 以莖布纏繞一圈，將花朵＆莖布的連接處黏牢固定。

15 繼續將白膠塗在在莖布上，依相同方式以莖布纏繞鐵絲。

16 纏繞至一半時，加入葉子一起纏繞。

17 纏繞到鐵絲末端後，剪去多餘的莖布。

18 為了遮蓋鐵絲的斷面，以手指揉捻布邊，使布料包覆鐵絲。

加上擋布＆花瓣後側

19 以熱熔槍在花瓣後側中心處塗上熱熔膠。

20 黏上擋布。

21 以花瓣後側的布面黏合圓盤別針，並與擋布黏合在一起（參見P.40步驟20至25）。

22 以熱熔槍在花瓣後側與花朵中間塗入熱熔膠，將兩者黏合。

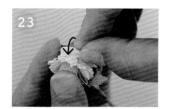

23 在花瓣後側的周圍布邊，取適當位置剪出6個牙口，再將周圍布料往內摺入＆黏合固定。

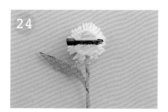

24 花瓣後側黏合完成。

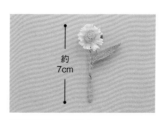

約
7cm

調整形狀，完成！

約
7cm

依P.38作品1相同作法製作葉子＆莖，並完成作品。

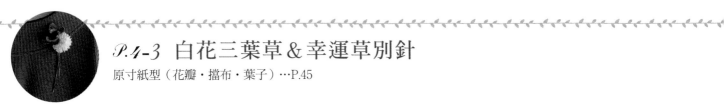

P.4-3 白花三葉草&幸運草別針

原寸紙型（花瓣・擋布・葉子）…P.45

材料
- 花瓣10片（經膠水加工處理的白色亞麻布）40cm寬4cm
- 葉子4片（經膠水加工處理的綠色亞麻布）10cm寬5cm
- 胸針式別針（2.5cm）1個
- 蕾絲花邊（2cm）1片
- #24鐵絲（花朵用・綠色）10cm×1根
- #26鐵絲（葉子用・綠色）8cm×4根
- 紙帶（1cm寬・黃綠色）適量
- 壓克力顏料（白色）　　※「膠水加工的方法」參見P.37。

製作花朵

製作10片花瓣（花瓣的作法參見P.50步驟1至4）。

將花藝專用鐵絲的尾端往下摺0.5cm，另一端則穿入一片花瓣的中心孔中。

在花瓣的中心部位塗上白膠。

將花瓣整個往上推擠，直到遮住鐵絲末端，並使花瓣黏在鐵絲上。

繼續將另一片花瓣穿進鐵絲，並在中心部位塗上白膠。

將花瓣往上推擠，黏住第一片花瓣。其他8片花瓣作法亦同。

花朵製作完成。

將白膠塗在紙帶上，再以紙帶纏繞鐵絲。

製作幸運草

將葉子布料剪成4片5cm×2.5cm的布片（葉子作法參見P.39步驟11至14）。將壓克力顏料（白色）倒入小碗中，以細筆尖的筆沾取後在葉面上畫出線條。

畫好線條後靜置，等待顏料完全乾燥。

將4片葉子集中成束，在中心處塗上白膠。

以手指用力地將中心處壓緊，確實黏合葉子。

將白膠塗在紙帶上，再以紙帶纏繞鐵絲。

加上擋布

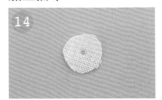

以錐子在擋布的中心鑽孔。

15 將花朵＆幸運草的莖合在一起，穿入擋布。

16 以熱熔槍在花朵＆莖的連接處塗抹熱熔膠，並黏上擋布。

組裝別針

17 將別針置於擋布上方＆疊上一片蕾絲花邊，再以熱熔槍塗抹熱熔膠，將其確實黏合固定。

約12cm

調整形狀，完成！

P.5-4
繽紛色の白花三葉草髮圈

原寸紙型（花瓣）…P.45

材料（1個）

・花瓣10片（經膠水加工處理的各色亞麻布）40cm寬4cm
・附圓盤的髮圈1個
・蕾絲花邊（2至2.5cm）2片
・#24鐵絲（花瓣用・白色）10cm×1根

※「膠水加工的方法」參見P.37。

3・4原寸紙型 ※重疊2片布料製作1片葉子。

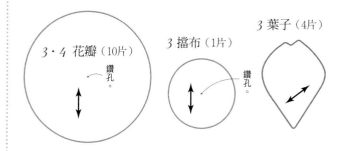

3・4 花瓣（10片）
鑽孔。

3 擋布（1片）
鑽孔。

3 葉子（4片）

關於蕾絲花邊

將蕾絲花邊的花樣一片一片地剪下來使用。

1 製作花朵（花朵的作法參見P.44步驟1至7），並將蕾絲花片穿入鐵絲。

2 以熱熔槍塗抹熱熔膠，黏上蕾絲花片。

約4cm

3 保留2至3cm長的鐵絲後剪斷，再貼著蕾絲花片彎成圓形。

4 以熱熔槍在髮圈的圓盤上面塗抹熱熔膠。

5 取另一片蕾絲花片黏在圓盤上，再疊上花朵，並以熱熔槍塗抹熱熔膠黏合固定。

完成！

P.6-5 粉紅繡球花別針

原寸紙型（花瓣・葉子）…P.47

材料

- 花瓣表布33片（經膠水加工處理的粉紅色亞麻布）30cm寬3cm
- 花瓣裡布33片（經膠水加工處理的米白色亞麻布）30cm寬3cm
- 葉子1片（經膠水加工處理的米白色亞麻布）12cm寬6cm
- 莖布1片（經膠水加工處理的米白色亞麻布）2cm寬5cm
- 珠光花蕊（直徑3mm・雙蕊型・金色）5根
- 胸針式別針（2.5cm）1個
- ＃28鐵絲（花瓣用・白色）8cm×33根
- ＃26鐵絲（葉子用・綠色）10cm×1根
- 花藝膠帶（0.8cm寬・黃綠色）適量

※「膠水加工的方法」參見P.37。

製作花朵

 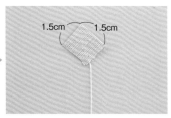

將花瓣的表布＆裡布分別裁切成33片長寬均為1.5cm的正方形。在花瓣裡布的背面塗上白膠，再斜向放上花藝專用鐵絲。最後疊上花瓣表布，將所有部分黏合在一起。
※製作花瓣時需在鐵絲上方保留0.4至0.5cm長的空間（參見步驟2圖示）。

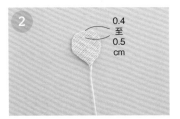

剪成花瓣的形狀。

將毛巾墊在花瓣下面，以小茶匙自花瓣邊緣壓按摩擦。

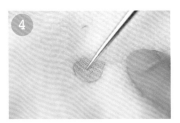

趁白膠水尚未完全乾燥，以錐子在中心處壓出線條。此步驟可使讓花瓣邊緣微翹，呈現出立體感。

將4片花瓣集合成束。

將珠光花蕊剪成一半，在花瓣的中心位置放入1根花蕊。

將白膠塗在花藝膠帶上，再以花藝膠帶纏繞鐵絲。

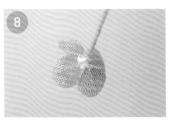

在花瓣＆莖相連處塗上白膠，將4片花瓣黏合在一起。

4瓣花朵完成。以相同作法共製作6朵花，。

製作葉子

10
另外製作3朵3瓣的花朵（作法參見P.46步驟1至9）。

11
約1.5cm
製作葉子（葉子的作法參見P.39步驟11至14）。先剪出葉子的輪廓，再仔細地將葉子邊緣剪成鋸齒狀

12
捏著葉子的中心位置，將葉子由正面朝背面扭轉。

13
從葉子的中心位置用力扭轉，作出皺褶。

14
趁白膠未乾，攤開葉子。

15
使錐子與布面呈45度角地斜傾，壓按葉子邊緣＆壓出葉脈線條，使葉子呈現出立體感。

16
葉子完成。

組裝別針

17
趁白膠未乾，自葉子下方拉開兩片布＆夾入別針。

組裝

18
在葉子下方添加白膠，將兩片葉子布料重新黏合。

19
將9朵花集中成一束，調整全體的平衡感，再將花藝膠帶塗上白膠，纏繞花束1至2圈。

莖布纏繞完成！
3cm

20
將花朵＆葉子合在一起，以塗上白膠的莖布纏繞。最後僅保留3cm長的莖，剪斷多餘的鐵絲。

約9cm
調整形狀，完成！

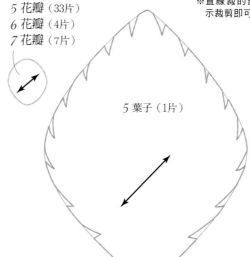

5至7 原寸紙型

5 花瓣（33片）
6 花瓣（4片）
7 花瓣（7片）

5 葉子（1片）

※以各1片的花瓣表布＆裡布製作1片花瓣，並重疊2片布料製作1片葉子。
※直線裁的部件依材料標示裁剪即可。

P.8-8 百合胸花

原寸紙型（大花瓣・小花瓣・花萼）…P.80

材料
・大花瓣5片（經膠水加工處理的白色亞麻布）60cm寬6cm
・小花瓣4片（經膠水加工處理的白色亞麻布）40cm寬5cm
・花萼1片（經膠水加工處理的白色亞麻布）5cm寬5cm
・莖布1片（經膠水加工處理的白色亞麻布）0.6cm寬15cm
・人造花蕊（直徑3mm・雙蕊型・白×深藍色）20根
・胸針式別針（2.5cm）1個
・#24鐵絲（花瓣用・白色）12cm×9根
・#26鐵絲（花蕊用・白色）12cm×1根

※「膠水加工的方法」參見P.37。

製作花朵

將大花瓣的布料剪成5片12cm×6cm的布，並將小花瓣的布料剪成4片10cm×5cm尺寸的布。在花瓣布內側半邊的中心位置塗上白膠，斜向放上花藝專用鐵絲。

※製作花瓣時需在鐵絲上方保留0.4至0.5cm長的空間（參見步驟2圖示）。

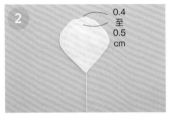

對摺布料後，剪成花瓣的形狀，並靜置約一小時等白膠乾燥。

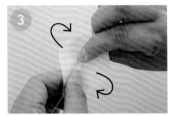

趁白膠尚未全乾，捏著花瓣的中心位置，將花瓣由正面朝反面扭轉。

從花瓣的中心位置用力扭轉，作出皺褶。

保持花瓣扭轉的狀態靜置一天。

靜置一天後將花瓣攤開。請輕輕地攤開，避免皺褶被拉平。

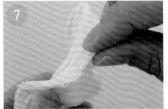

調整花瓣，使花瓣邊緣翹起，呈現出生動感。

製作5片大花瓣＆4片小花瓣。

製作花蕊

將20根人造花蕊對摺後，摺彎花藝用鐵絲＆鉤住花蕊中心的對摺處，再扭轉鐵絲。

在花蕊周圍排列花瓣

將花蕊中心的對摺處塗上白膠。

以手指用力壓住花蕊中心的對摺處，使花蕊底部黏合。

將小花瓣底部塗上白膠，一片一片地黏在花蕊的周圍。

將大花瓣底部塗上白膠，一片一片地黏在小花瓣的周圍。

製作花萼

14

保留6cm長的鐵絲後剪斷，再將莖布塗上白膠＆纏繞鐵絲，並連同別針也一起纏進去。

15

製作花萼（花萼的作法參見P.51步驟17至19），在花萼中心處塗上白膠。

16

將花萼黏在花朵底部的中心位置。

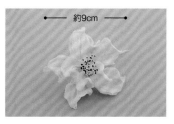

← 約9cm →

調整形狀，完成！

P.7-6 繡球花髮夾

原寸紙型（花瓣）…P.47

1

製作花朵（花朵的作法參見P.46的1至9）後，自花朵底部直接剪斷鐵絲。

材料（1個）

- 花瓣表布4片（經膠水加工處理的各色亞麻布）6cm寬2cm
- 花瓣裡布4片（經膠水加工處理的米白色亞麻布）6cm寬2cm
- 人造花蕊（直徑2mm・雙蕊型・紫色）1根
- 附圓盤的髮夾1個
- 蕾絲花邊（1.2cm）1條
- ＃28鐵絲（白色）8cm×4根
- 花藝膠帶（0.8cm寬・黃綠色）適量

※「膠水加工的方法」參見P.37。

2

以熱熔槍在髮夾的圓盤上塗抹熱熔膠。

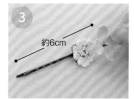

3

約6cm

將蕾絲花片黏在圓盤上，再疊上花朵＆以熱熔槍塗抹熱熔膠黏合固定。

P.7-7 繡球花耳環

原寸紙型（花瓣）…P.47

1

將附圓盤的耳針插入蕾絲花片中心位置。

材料（1個）

- 花瓣表布7片（經膠水加工處理的粉紅色亞麻布）11cm寬2cm
- 花瓣裡布7片（經膠水加工處理的米白色亞麻布）11cm寬2cm
- 人造花蕊（直徑2mm・雙蕊型・紫色）1根
- 附圓盤的耳針1對
- 蕾絲花邊（1.5cm）2條
- ＃28鐵絲（白色）8cm×7根
- 花藝膠帶（0.8cm寬・黃綠色）適量

※「膠水加工的方法」參見P.37。

※製作花朵（花朵的作法參見P.46・P.47步驟1至10）。並自花朵底部直接剪斷鐵絲。

2

以熱熔槍塗抹熱熔膠黏合固定。

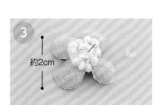

3

約2cm

將花朵的背面與步驟2黏合。

P.12-11 橘黃色の雛菊
P.13-12 淺灰色の雛菊

原寸紙型（花瓣・葉子・花萼）…P.79

- 花瓣12片（11＝經膠水加工處理的橘黃色帆布
　　　　　12＝經膠水加工處理的灰白色亞麻布）16cm寬12cm
- 葉子2片（經膠水加工處理的亞麻布11＝綠色・12＝灰色）
　　　　　12cm寬3cm
- 花萼1片（經膠水加工處理的亞麻布11＝綠色・12＝灰色）
　　　　　5cm寬5cm
- 大花蕊2片（經膠水加工處理的灰色亞麻布）15cm寬0.6cm×2片
- 小花蕊1片（經膠水加工處理的灰色亞麻布）12cm寬0.6cm
- 莖布3片（經膠水加工處理的亞麻布11＝綠色・12＝灰色）
　　　　　0.6cm寬20cm×3片
- 緞帶1片（經膠水加工處理的亞麻布11＝綠色・12＝灰色）
　　　　　0.7cm寬30cm
- 胸針式別針（2.5 cm）1個
- #24鐵絲（花蕊用・白色）12cm×3根
　（葉子用・綠色）12cm×2根

※「膠水加工的方法」參見P.37。

製作花朵　　※在此以作品*12*進行教作解說。

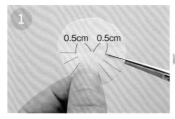 

0.5cm　0.5cm

以錐子在花瓣的中心位置鑽孔，再以剪刀沿著邊緣，在適當位置剪出13至18道距離孔洞0.5cm的放射狀牙口。

將花瓣周圍塗上白膠。

以手指揉捻牙口的布條。

以相同作法將外圍的牙口布條揉捻成同樣的形狀。

共製作12片花瓣。

製作花蕊　　　　　　### 製作花蕾

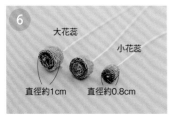

大花蕊

小花蕊

直徑約1cm　　直徑約0.8cm

製作2根大花蕊&1根小花蕊（花蕊的作法參見P.38步驟3至6）。

在小花蕊的底部塗上白膠，將花蕊的鐵絲穿入花瓣中心的孔洞。

將花瓣往上推擠，使花蕊&花瓣確實黏合。

黏合小花蕊&花瓣，花蕾完成。

製作大花朵&中花朵

以步驟7‧8相同作法製作大花蕊花蕾,再將花瓣穿過鐵絲,並在花瓣的中心處塗上白膠。

將花瓣往上推擠,黏在第一片花瓣上。以相同作法製作其他花瓣,大花朵黏貼6片花瓣,中花朵黏貼5片花瓣。

以手指用力地將花瓣往上推擠,使5至6片花瓣確實地牢固黏合,再調整花瓣的形狀。

大花朵完成。

製作葉子

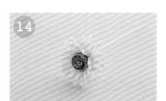

中花朵完成。

將葉子布料剪成2片6cm×3cm的布,製作2片葉子(葉子的作法參見P.42步驟6至10)。

纏繞莖布

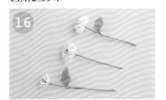

分別將花蕾加葉子、大花朵加葉子、中花朵分別纏繞上莖布(莖布的纏繞方法參見P.43步驟12至18)。

製作花萼

將花萼尖端塗上白膠。

揉捻尖端處。

揉捻完成。

加上花萼

在花萼的中心處塗上白膠。

將花萼黏在花蕾的底部。

組裝

將三朵花集合成一束,調整全體平衡感。

將別針放置於花莖上,將多餘的莖布塗上白膠,連同花莖&別針纏繞兩圈。

將緞帶穿過別針,打一個蝴蝶結。

※蝴蝶結的打結處可塗上市售的防綻液來固定。請選用自己喜歡的產品。

約14cm

調整形狀,完成!

P.14-13 白色薰衣草一字別針

原寸紙型（大花瓣・中花瓣・小花瓣・花萼・葉子）…P.79

材料 ・大花瓣・中花瓣・小花瓣各10片
　　　（經膠水加工處理的白色薄棉布）10cm寬6cm
・花蕊1片（白色亞麻布）10cm寬1cm
・花萼1片（經膠水加工處理的黃綠色絲綢薄紗）2cm寬3cm
・葉子3片（經膠水加工處理的黃綠色亞麻布）15cm寬5cm
・莖布1片（經膠水加工處理的黃綠色亞麻布）0.6cm寬15cm
・人造花蕊（直徑2mm・雙蕊型・白色）10根
・一字別針（6.5cm）1個
・＃24鐵絲（花蕊用・白色）17cm×1根
・＃26鐵絲（葉子用・綠色）12cm×3根
・填充棉花適量

※「膠水加工的方法」參見P.37。

製作花朵

1 重疊2片大花瓣，並以錐子在中心位置鑽孔。

2 將人造花蕊對半剪開後，取1根花蕊穿入2片大花瓣的中心孔，並在花蕊底部塗上白膠。

3 將花瓣往上推擠，使花瓣＆花蕊確實黏合。

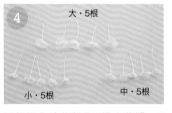

4 以相同作法共製作5根大花瓣・5根中花瓣・5根小花瓣。

製作花蕊＆加上花瓣

5 將5根花蕊與花蕊用的鐵絲合在一起。

6 以塗上白膠的填充棉花纏繞鐵絲至約5cm的長度。

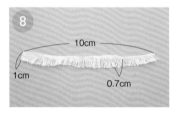

7 以填充棉花纏捲完成。

8 將花蕊布料上的緯線拆至0.7cm的高度。

9 將花蕊布料置於花蕊下方，塗上白膠。

10 加入小花瓣，並以花蕊布料一起纏繞。

製作花萼

製作葉子

11 順著纏繞方向，一根一根地加入小花瓣，並在花蕊布料上一邊塗白膠，一邊慢慢地將花瓣纏繞進去。

12 以相同作法依序加入中花瓣＆大花瓣，並以花蕊布料纏繞包捲。

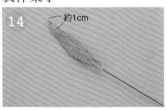

13 在花萼底部塗上白膠，纏繞在花蕊下方。

14 將葉子布料剪成3片5cm×5cm的布，製作3片葉子（葉子的作法參見P.39步驟11至14）。

組裝

15

將花朵＆3根葉子集合成一束，調整全體平衡感。保留6cm的鐵絲，剪斷多餘的部分。

16

將莖布塗上白膠＆纏繞鐵絲。纏至中途時，加入一字別針，連同鐵絲一起纏繞約1cm，再避開別針繼續纏繞至鐵絲的底部。

17

裝上一字別針。

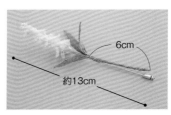

調整形狀，完成！

6cm
約13cm

P.11-10
尤加利葉頸鍊

原寸紙型（花瓣）…P.41

材料

・花瓣22片（經膠水加工處理的原色亞麻布）
　88cm寬2cm
・毛絨花蕊（直徑5mm・雙蕊型・白色）13根
・人造花蕊（直徑3mm・雙蕊型・紫色）8根
・＃24鐵絲（花瓣用・白色）12cm×22根
・＃26鐵絲（花瓣用・白色）12cm×1根
　　　　　（基底用・白色）35cm×1根
・花藝膠帶（0.5cm寬・白色）適量
・絲絨緞帶（0.6cm寬・米白色）85cm

※「膠水加工的方法」參見P.37。
※製作22片花瓣（花瓣的作法參見P.41步驟1）。

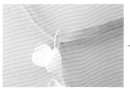

以絲絨緞帶穿過基底鐵絲上的圈圈。

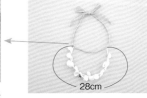

28cm

製作步驟
在19片花瓣及1朵完整的花之間，夾雜1至3根的毛絨花蕊，以自己喜歡的角度組合至28cm的長度。並以花藝膠帶包捲纏繞（組裝的起始及收尾方式參見右圖）。

組裝起始

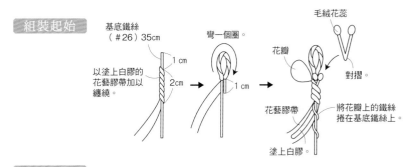

基底鐵絲（＃26）35cm
以塗上白膠的花藝膠帶加以纏繞。
1cm
2cm
彎一個圈。
1cm
毛絨花蕊
花瓣
對摺。
花藝膠帶
將花瓣上的鐵絲捲在基底鐵絲上。
塗上白膠。

將花瓣與1至3根的毛絨花蕊合在一起，以花藝膠帶整個纏繞起來。並以相同作法一邊組合部件一邊調整平衡。

組裝收尾

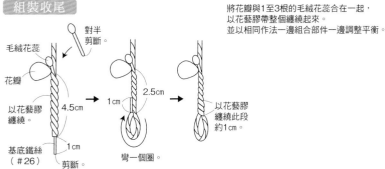

毛絨花蕊
花瓣
以花藝膠纏繞。
4.5cm
基底鐵絲（＃26）
1cm
剪斷。
對半剪斷。
彎一個圈。
1cm
2.5cm
以花藝膠纏繞此段約1cm。

花朵的作法

※以8根人造花蕊作為花蕊，加入3根花瓣來作成花朵。

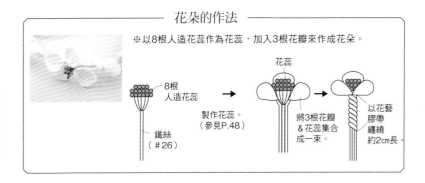

8根人造花蕊
鐵絲（＃26）
製作花蕊。（參見P.48）
花蕊
將3根花瓣＆花蕊集合成一束。
以花藝膠帶纏繞約2cm長。

P.15-14·15 鈴蘭胸花

原寸紙型（大花瓣·中花瓣·小花瓣·葉子）…P.79

14の材料

- 大花瓣6片、中花瓣5片、小花瓣3片
  （經膠水加工處理的原色亞麻布）15cm寬5cm
- 葉子表布3片（經膠水加工處理的淺紫色亞麻布）18cm寬6cm
- 葉子表裡3片（經膠水加工處理的綠色亞麻布）18cm寬6cm
- 莖布1片（經膠水加工處理的綠色亞麻布）0.6cm寬15cm
- 小花蕊（直徑4mm·雙蕊型·白色）3根
- 大花蕊（直徑5mm·單蕊型·白色）3根
- 棉珍珠（直徑0.8cm）6個·（直徑0.6cm）5個
  （直徑0.4cm）3個
- 一字別針（2.5cm）1個
- 緞帶（1.4cm寬·米白色）30cm
- ＃28鐵絲（花蕊用·白色）9cm×14根
- ＃26鐵絲（葉子用·綠色）12cm×3根
- 花藝膠帶（0.6cm寬·黃綠色）適量

15の材料

- 大花瓣6片、中花瓣5片、小花瓣3片
  （經膠水加工處理的原色亞麻布）15cm寬5cm
- 葉子表布3片（經膠水加工處理的黃綠色亞麻布）18cm寬6cm
- 葉子表裡3片（經膠水加工處理的米白色亞麻布）18cm寬6cm
- 小花蕊（直徑4mm·雙蕊型·白色）3根
- 大花蕊（直徑5mm·單蕊型·白色）3根
- 一字別針（2.5cm）1個
- 緞帶（0.6cm寬·粉紫色）30cm
- ＃28鐵絲（花蕊用·綠色）9cm×14根
- ＃26鐵絲（葉子用·綠色）12cm×3根
- 花藝膠帶（0.6cm寬·黃綠色）適量
- 填充棉花適量

※「膠水加工的方法」參見P.37。

製作花蕊　※在此以作品15進行教作解說。

1 將花蕊專用鐵絲一端下摺0.5cm。

2 將鐵絲插入填充棉花中。

3 在鐵絲尾端塗白膠。

4 以轉動方式揉成球狀。

5 添加填充棉花並繼續搓揉，將棉球作成步驟6圖示中指定的大小。

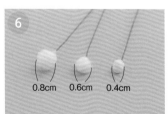

6 作出6根大花蕊（直徑0.8cm）·5根中花蕊（直徑0.6cm）·3根小花蕊（直徑0.4cm）。

0.8cm　0.6cm　0.4cm

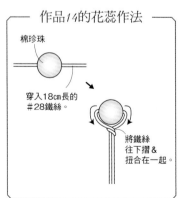

作品14的花蕊作法

棉珍珠

穿入18cm長的
＃28鐵絲。

將鐵絲
往下摺&
扭合在一起。

製作花朵

7 在花瓣的中心位置以錐子鑽孔，並以花蕊的鐵絲穿過孔中，再將花瓣整個塗上白膠。

8

以花瓣包覆花蕊＆以手捏住上端，將整體形狀調整成圓形。

9

花朵完成。共製作6根大花朵、5根中花朵、3根小花朵。

製作枝條

10

將花藝膠帶塗上白膠，在小花蕊的花蕊底部纏繞一圈。再將小花蕊的另一端往上摺，繼續以花藝膠帶將兩根花蕊一起捲起來。

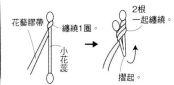

花藝膠帶 — 纏繞1圈。
2根一起纏繞。
小花蕊
→
摺起。

11

加入大花蕊，繼續以花藝膠帶纏繞。

12

加入小花朵，繼續以花藝膠帶纏繞。

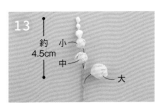

13

約4.5cm 小
中
大

一邊依序加入中花朵＆大花朵，一邊以花藝膠帶纏繞，完成枝條。

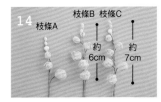

14

枝條A 枝條B 枝條C
約6cm 約7cm

以相同作法製作枝條B（小花1朵・中花2朵・大花2朵），以及枝條C（小花1朵・中花2朵・大花3朵）。

製作葉子

15

將葉子的表布＆裡布分別裁剪成3片6cm×6cm。在葉子表布內側塗上白膠，並以斜向方式放上鐵絲，再疊上葉子裡布並加以黏合。※製作葉子時需在鐵絲上方保留0.4至0.5cm空間（參見步驟16圖示）。

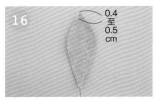

16

0.4至0.5cm

將紙型描繪到布料上，剪成葉子的形狀。

17

將毛巾墊在葉子下方，沿著葉子中心鐵絲的一側，以錐子壓出葉脈的線條。

18

以錐子在葉子兩側壓出葉脈的線條。

19

以手捏著葉子的尾端，扭轉整體。

20

把3根枝條＆3根葉子集合成一束，調整全體的平衡感，再以塗上白膠的花藝膠帶纏繞。作品14則以莖布纏繞（加入莖布的作法參見P.43步驟12至18）。

21

將一字別針一起纏捲進去。

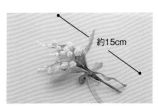

約15cm

將緞帶穿過別針，打一個蝴蝶結。調整形狀，完成！※蝴蝶結的打結處可塗上市售的防綻液來固定。請選用自己喜歡的產品。

P.16-16 牛仔布繡球花

原寸紙型（花瓣）…P.57

材料 ・花瓣12片（經膠水加工處理的牛仔布）24cm寬8cm
・玫瑰鐵絲花蕊（4mm・雙蕊型・偏粉的米白色）5根
・胸針式別針（2.5cm）1個
・#22鐵絲（花瓣用・綠色）7cm×9根
・#28鐵絲（固定用）5cm×1根
・25號繡線（偏粉的米白色）

※「膠水加工的方法」參見P.37。

製作花朵

1 將12片花瓣加以裁剪，將花瓣剪出4個牙口。

2 將花瓣以扭轉、揉成一團等方式作出皺褶，製造立體感。

3 作出皺褶。

4 在花瓣的中心位置塗上白膠。

5 以背面相對的方式黏合2片花瓣。

6 2片花瓣完成。

7 以錐子在花瓣中心處鑽孔。

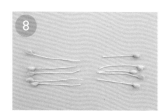
8 將5根花蕊對半剪開。

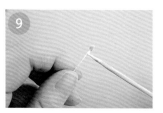
9 將花蕊底部塗上白膠。

10 將花蕊穿入花瓣的中心孔。

11 將花蕊的軸線處塗上白膠，黏合花瓣鐵絲。

12 自花瓣底部起，將鐵絲塗滿白膠，並靜置稍微晾乾。

13 自花瓣底部起，以25號繡線（偏粉的米白色）纏繞鐵絲。
※取6股繡線進行纏繞，以下皆同。

14 纏繞至鐵絲尾端時，剪斷繡線。為了遮蓋鐵絲的斷面，請以手指揉捻的方式使繡線包覆鐵絲。

56

15

重疊2片花瓣的花朵完成。

16

重疊2片。

正面

反面

共製作3根重疊2片花瓣的花朵・2根1片花瓣（正面）的花朵・4根1片花瓣（反面）的花朵。

組裝花朵

17

先選擇一根花朵（重疊2片花瓣型）作為整體中心，再捏著花朵底部往下約2cm的位置，將花莖摺出一個角度。

18

中心花朵

在整體中心的花朵周圍，一根一根地加入其他花朵，並調整全體的平衡感&加以整合。

19

集合9根花朵組裝成一束。

20

以固定用的鐵絲纏繞花莖&扭轉固定，並使鐵絲尾端順著花莖直線地加入其中。

21

約1cm

為了遮蓋固定用的鐵絲，先將白膠塗在鐵絲上，再以繡線纏繞覆蓋。

加入別針

22

將白膠塗在別針背面，再將別針黏貼在步驟21圖示中以繡線纏繞的位置。

23

打開別針，塗上白膠，再以繡線將別針&花莖確實地纏繞固定。

24

別針固定完成。

約9cm

摺彎花莖尾端&調整形狀，完成！

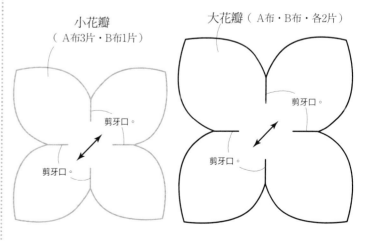

17・18 原寸紙型

小花瓣
（A布3片・B布1片）

剪牙口。

剪牙口。

大花瓣（A布・B布・各2片）

剪牙口。

剪牙口。

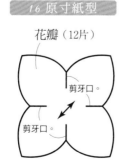

16 原寸紙型

花瓣（12片）

剪牙口。

剪牙口。

P.17-17·18 繡球花髮夾

原寸紙型（大花瓣・小花瓣）…P.57

17·18の材料（1個）

- 大花瓣2片、小花瓣3片（A布：經膠水加工處理的亞麻布
  17＝紫色・18＝芥末色）20cm寬10cm
- 大花瓣2片、小花瓣1片
  （B布：經膠水加工處理的米白色亞麻布）20cm寬8cm
- 不織布（灰色）1cm×8cm
- 髮夾（8cm）1個

※「膠水加工的方法」參見P.37。

製作花朵

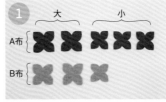

剪出花瓣，並在花瓣上剪出4個牙口。

稍加揉捻花瓣，使花瓣變得比較柔軟，以利後續縫製作業輕鬆進行。

依圖示方式重疊花瓣。小花瓣以間距1cm，大花瓣以間距2cm交錯相疊。

重疊一大一小的花瓣（參見步驟3圖示，自右側起）後，先在始縫處打個結，再平針細縫。

以熱熔槍在結目上塗抹熱熔膠，防止縫線脫落（因為之後要用力拉扯縫線）。

繼續疊上花瓣＆以細密的針腳縫合，再用力拉收縫線。

重覆步驟6的作法來連接花瓣，一邊拉收縫線，一邊作出約13cm長的花串。最後在止縫處打一個結，以熱熔槍將結目塗上熱熔膠加以固定。

扭轉花瓣，視整體平衡感來調整形狀。

組裝髮夾

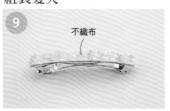

以熱熔槍在髮夾上塗抹熱熔膠，並貼上不織布（1cm×8cm）。

將縫線穿進髮夾上的孔洞，將不織布縫合固定。※在此為了使圖示簡單易懂，特地將縫線換成醒目的顏色。

以熱熔槍在不織布上塗抹熱熔膠。

將花朵背面黏貼在不織布上。

一邊調整整體的平衡，一邊以熱熔膠將翹起的花瓣黏貼於髮夾上。

完成！

𝒫.18-19至21
繡球花項鍊

原寸紙型（花瓣）…P.59
尺寸…脖圍一圈約80cm

・花瓣7片
（經膠水加工處理的亞麻布 19＝紫色、20＝米白色）28cm寬4cm
・編織繩（直徑0.2cm）1m

・花瓣10片（經膠水加工處理的芥末色亞麻布）20cm寬8cm
・編織繩（直徑0.2cm）1m

※「膠水加工的方法」參見P.37。

19至21 原寸紙型　　19·20花瓣（7片）
21花瓣（10片）

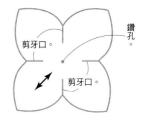

剪牙口。　鑽孔。
剪牙口。

※作品19·20製作7片花瓣，作品21則製作10片花瓣
（花瓣的作法參見P.56步驟1至7）。

製作步驟

打結。

將一片花瓣或兩片花瓣重疊在一起，穿進編織繩。為了避免花瓣移動，在花瓣上下側各打一個結。

5cm

作品21完成！

10cm
5cm
8cm

作品19完成！

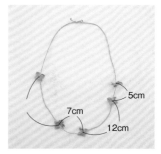

5cm
7cm
12cm

作品20完成！

𝒫.20-22　迷你玫瑰耳環

原寸紙型（花瓣・花萼）…P.61

・花瓣24片（各色絨面棉布）12cm寬8cm
・花萼2片（綠色絨面棉布）8cm寬4cm
・耳針1組
・♯28鐵絲（白色）8cm×2根
・9針（0.6cm）2根
・單圈（0.3cm）2個
・鍊子（3cm）2根
・25號繡線（灰色）

※製作2朵花（花瓣的作法參見P.60・P.61步驟1至21）。

1

0.3cm

9針後端預留0.3cm，剪斷多餘的部分。

2

將9針的後端塗上白膠，插入花萼的孔洞。

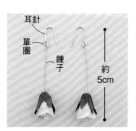

耳針
單圈
鍊子
約5cm

將9針接上鍊子，再接上單圈＆耳針，完成！

P.21-23 迷你玫瑰一字別針

原寸紙型（花瓣・花萼）…P.61

材料（1個）

・花瓣12片（各色絨面棉布）12cm寬4cm
・花萼1片（綠色絨面棉布）4cm寬4cm
・一字別針（6.5cm）1個
・#28鐵絲（白色）8cm×1根
・25號繡線（灰色）

將花瓣&花萼以膠水進行加工處理。

剪出12片花瓣&1片花萼。

在碗中放入30cc的熱水&30cc的木工用白膠（比例1：1），充分攪拌至白膠融解後，靜置冷卻。再以鑷子夾起一片花瓣，將花瓣浸入膠水中。

平鋪一張廚房紙巾。先將一片花瓣放在紙巾上，再取一片浸過膠水的花瓣疊在這片花瓣上。重疊時注意不要讓空氣跑進兩片花瓣之間，使兩片花瓣都充分地被膠水浸透。

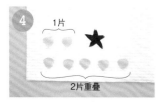

以步驟3相同作法製作5片重疊型的花瓣。再製作2片浸過膠水的單片花瓣&1片浸過膠水的單片花萼，並一片地平鋪在廚房紙巾上晾乾。

※由於膠水較為濃稠，為了避免布料在晾乾時黏到紙巾上，記得要偶爾移動一下布料來確認情況。

花瓣晾乾之後，以手指捏壓的方式作出曲線。

製作花蕊

將鐵絲一端下摺1cm&塗上白膠，再取6股（灰色）25號繡線纏繞鐵絲。

製作花朵

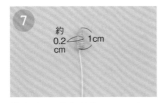

花蕊完成（直徑約0.2cm）。

以①至⑦的順序重疊花瓣，製作花朵。

在花瓣①的下端塗上白膠後，黏上花蕊。

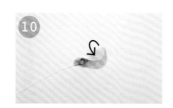

將花瓣①的左側往內摺，並在下端塗上白膠。

將花瓣的右側往內摺，整個包捲&黏合固定。

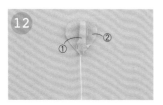

在花瓣②的下端塗上白膠，將花瓣①的包捲面朝下，與花瓣黏合。

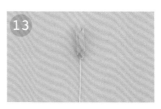

依步驟10・11相同作法往內摺。

以相同作法將花瓣③黏到花瓣②上，再將花瓣④黏到花瓣③上。

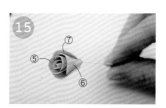

⑮

花瓣⑤至⑦以包覆花蕊的方式，一邊往內捲一邊相疊，再將花瓣下端塗上白膠，黏合所有的花瓣。

⑯

自花朵底部剪斷鐵絲。

製作花萼

⑰

以指尖拉扯花萼的尖端部分。

⑱

將花萼的中心處塗上白膠。

⑲

如覆蓋一般地將花萼包在花朵底部，並黏在花朵上。

⑳

花萼完成。

組裝別針

㉑

整體乾燥之後，以錐子在花萼的中心位置鑽孔。

㉒

將別針一端約0.3至0.4cm的長度塗上接著劑。

㉓

將別針插入花萼的孔洞。

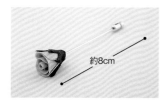

完成！

約8cm

22·23 原寸紙型

22花瓣（24片）
23花瓣（12片）

22花萼（2片）
23花萼（1片）

P.25-27 三色堇耳環

原寸紙型(花瓣A・花瓣B・花萼)…P.79

材料（1個）

・花瓣A 2片（經膠水加工處理的乳白色亞麻布）8cm寬4cm
・花瓣B 4片（經膠水加工處理的藍色或紫色亞麻布）10cm寬3cm
・花萼2片（經膠水加工處理的卡其色棉布）6cm寬3cm
・珍珠花蕊（直徑6mm・雙蕊型）1根
・附圓盤的耳針1組
・壓克力顏料（深褐色）

※「膠水加工的方法」參見P.37。

※製作2朵花（花的作法參見P.64步驟1至8）。

在耳針的圓盤上塗抹接著劑，再剪斷珍珠花蕊的軸線＆黏在花萼的中心位置。

約
3.5cm

完成！

P.22-24 罌粟花別針

原寸紙型（花瓣・花萼）…P.63

材料（1個）

- 花瓣4片（經膠水加工處理的粉紅色亞麻布或橘色棉布）15cm寬5cm
- 花萼1片（經膠水加工處理的綠色粗斜紋布）3cm寬3cm
- 莖布1片（經膠水加工處理的綠色粗斜紋布）13cm寬13cm
- 人造花蕊（直徑2mm・雙蕊型・淺褐色）30根
- 毛球（直徑0.8cm・褐色）1個
- 胸針式別針（2cm）1個
- #26鐵絲（白色）5cm×1根、20cm×1根

※「膠水加工的方法」參見P.37。

製作花蕊

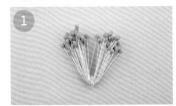

以5cm長的鐵絲在30根人造花蕊的中間纏繞固定，並加以對摺。

以20cm長的鐵絲用力地纏繞花蕊正中央，注意鐵絲兩側的花蕊長度必須均等。

扭轉鐵絲固定花蕊後，鐵絲倒向下方。

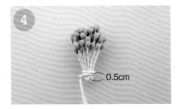

保留鐵絲下方0.5cm的花蕊軸線，剪斷多餘的部分。

仔細地上膠（使白膠填滿每根花蕊之間的縫隙），讓鐵絲&花蕊完全固定。

花蕊完成。

製作花朵

在花蕊下端塗上白膠，將一片花瓣黏在花蕊上。

使花瓣彼此相對一般，再將一片花瓣黏在對面。

待白膠乾燥後，在花瓣&花瓣之間黏上剩餘的兩片花瓣。

待花瓣上的白膠乾燥後，放射狀地散開花蕊。

在花蕊中心位置塗上白膠，黏上毛球。

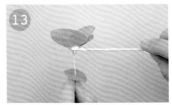

花朵完成。

加上花萼

以錐子於花萼中央處鑽孔，插入花朵的鐵絲，並將花朵底部塗上白膠。

疊上花萼，黏貼到花朵上。

組裝

15

斜放莖布，剪成0.8cm×15cm的布條（莖布的剪法參見下圖），再將鐵絲放在莖布上（加入莖布的作法參見P.43步驟12至15・17・18）。

16
別針

在別針背面塗上白膠，黏在花莖上端。打開別針，將剩餘的莖布塗上白膠後，以莖布連同別針＆花莖一起纏繞2至3圈，加以固定。

17

以手指揉捻花瓣，作出皺褶。

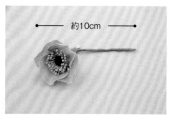
約10cm

摺彎花莖＆調整好形狀，完成！

P.23-25 罌粟花髮圈
原寸紙型（花瓣・花萼）…P.63

材料
- 花瓣4片（經膠水加工處理的乳白色亞麻布）15cm寬5cm
- 花萼1片（經膠水加工處理的綠色粗斜紋布）3cm寬3cm
- 莖布1片（經膠水加工處理的綠色粗斜紋布）8cm寬8cm
- 人造花蕊（直徑2mm・雙蕊型・淺褐色）30根
- 毛球（直徑0.8cm・褐色）1個
- 緞帶（寬2cm・米白色）30cm
- 髮圈（米白色）1個
- ＃26鐵絲（白色）5cm×1根・10cm×1根

※「膠水加工的方法」參見P.37。
※花朵的作法參見P.62步驟1至15。

24・25 原寸紙型

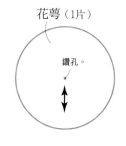

花瓣（4片）

花萼（1片）

鑽孔。

1

將剩餘的莖布塗上白膠，連同花莖＆髮圈一起纏繞2至3圈，加以固定。

2

參見右圖製作緞帶，並加裝在髮圈上。

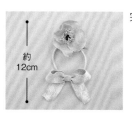

完成！

約12cm

莖布的裁布圖

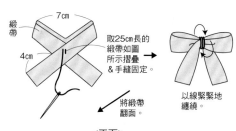

莖布

8cm

1cm

幅寬8cm

緞帶作法

緞帶

7cm

4cm

取25cm長的緞帶如圖所示摺疊＆手縫固定。

以線緊緊地纏繞。

將緞帶翻面。

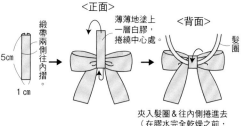

緞帶兩側往內摺。

5cm

1cm

＜正面＞

薄薄地塗上一層白膠，捲繞中心處。

＜背面＞

髮圈

夾入髮圈＆往內側捲進去（在膠水完全乾燥之前，以曬衣夾等物品加強固定）。

P.24-26 三色堇別針

原寸紙型(花瓣A・花瓣B・花萼)…P.79

材料（1個）

- 花瓣A1片（經膠水加工處理的乳白色亞麻布）5cm寬5cm
- 花瓣B2片（經膠水加工處理的藍色或紫色亞麻布）8cm寬4cm
- 花萼1片（經膠水加工處理的卡其色棉布）3cm寬3cm
- 莖布1片（經膠水加工處理的卡其色棉布）13cm寬13cm
- 珍珠花蕊（直徑6mm・雙蕊型）1根
- 緞帶（寬1cm・黑色）20cm
- 胸針式別針（2cm）1個
- ＃26鐵絲（白色）10cm×1根
- 壓克力顏料（深棕色）

※「膠水加工的方法」參見P.37。

製作花朵

1 將壓克力顏料（深棕色）放在小碟上，以水稀釋後，以牙籤沾顏料在花瓣A上畫線。

2 線條繪製完畢後，靜待顏料乾燥。

3 將花瓣A背面的中央處塗上白膠。

4 將花瓣A貼上微微交疊的兩片花瓣B。

5 待白膠乾燥後，以錐子在花瓣的中心位置鑽孔。

6 將珍珠花蕊對半剪開。

7 將珍珠花蕊底部塗上白膠，穿進花瓣的中心孔。

8 以錐子在花萼的中央位置鑽孔後，插入珍珠花蕊的軸線，再塗上白膠，黏貼在花瓣的背面。

製作花莖

9 對摺鐵絲。

摺山線凸起處

製作花萼

10 將珍珠花花蕊的軸線塗上白膠，使鐵絲摺彎的凸起處朝上，與軸線黏合在一起。

組裝

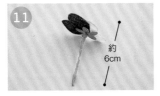

約6cm

11 加上莖布（莖布的作法參見P.63步驟15）。

12 以剩餘的莖布固定別針（組裝別針的作法參見P.63步驟16）。

13 以手指揉捻花瓣，作出皺褶。

14 摺彎花莖並綁上緞帶，完成！
※蝴蝶結的打結處可塗上市售的防綻液來固定。請選用自己喜歡的產品。

P.26-28 勿忘草手鍊

原寸紙型（花）…P.79
尺吋…腕圍一圈約15cm

材料

・花26片（以紅茶或咖啡染色的白色上漿棉布）15cm寬6cm
・以咖啡染色的人造花蕊（直徑2mm・雙蕊型）13根
・古典蕾絲（寬0.7cm）15cm
・馬口夾（0.8cm）2個
・磁釦1組
・單圈（0.3cm）2個

裝上馬口夾

將蕾絲一端0.4至0.5cm長的部分塗上白膠。

將上膠的蕾絲端摺起＆貼合。

在馬口夾上塗抹接著劑。

以馬口夾夾住上膠的蕾絲端。

以鉗子牢牢地固定馬口夾。
※以鉗子夾緊時請加上墊布，以免刮傷馬口夾。

另一端作法亦同。

製作＆加上花朵

作出26朵花（花瓣的作法參見P.66步驟1至3）後，自花朵底部剪斷花蕊的軸線。

將花朵背面的中央位置塗上白膠，均衡地貼在蕾絲上。

單圈
磁釦

將馬口夾加上單圈，再接上磁釦。

完成！

以紅茶染色　紅茶的濃淡程度，請依個人喜好調整。

鍋子注入300cc的水＆放入1個茶包，開火煮沸之後，加入少量的鹽（定色用）。

待紅茶冷卻（熱水會使布漿溶解），將花朵浸泡在紅茶中。等花朵染成喜歡的顏色後即可取出。

以咖啡染色　咖啡的濃淡程度，請依個人喜好調整。

鍋子注入250cc的水＆放入15cc即溶咖啡粉，開火煮沸之後，加入少量的鹽（定色用）。

待咖啡冷卻（熱水會使布漿溶解，也會使人造花蕊融化），將花＆人造花蕊浸泡在咖啡中。等染成喜歡的顏色後即可取出。

P.26-29 勿忘草耳環

原寸紙型（花朵・基座布）…P.79

材料（1個）

・花20片（以紅茶或咖啡染色的白色上漿棉布）10cm寬7cm
・基座布2片（以紅茶或咖啡染色的白色上漿棉布）5cm寬3cm
・以咖啡染色的人造花蕊（直徑2mm・雙蕊型）10根
・附圓盤的耳針1組

※以紅茶＆咖啡染色的方法參見P.65。

製作花朵

以錐子在花片的中心位置鑽孔。

將花蕊對半剪開。

將花蕊底部塗上白膠後，穿入花片中央的孔洞。以相同作法製作10朵花。

將花蕊的軸線塗上白膠。

一枝一枝地黏合。

將6朵花集合成一束。

組合花朵＆基座

待膠水乾燥後，預留1cm長的軸線，剪斷多餘的部分。

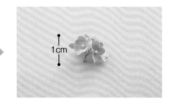

將軸線尖端塗上白膠。

黏在基座中央。

將4朵花的花蕊軸線自花朵底部剪斷。

將花朵中央處塗上白膠。

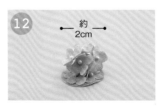

將剩餘的4朵花從各方向黏到基座上，黏貼時應注意將中心花朵的軸線隱藏起來。

將圓盤塗上接著劑，再將附圓盤耳針黏在基座中央，完成！

P.27-30 三色菫&勿忘草胸花

原寸紙型（花瓣A・花瓣B・花萼・花朵・基座）……P.79

材料

大三色菫的布
・花瓣A 1片、花瓣B 2片（以咖啡染色的白色上漿絨布）
　10cm寬5cm
・花萼1片（以咖啡染色的白色上漿棉布）3cm寬3cm

小三色菫的布
・花瓣A 1片、花瓣B 2片（以咖啡染色的白色上漿絨布）
　9cm寬4cm
・花萼1片（以咖啡染色的白色上漿棉布）3cm寬3cm

勿忘草的布
・花瓣4片（以咖啡染色的白色上漿絨布）7cm寬2cm
・花瓣20片（以紅茶染色的白色上漿棉布）10cm寬7cm
・莖布6片（以咖啡染色的白色上漿棉布）16cm寬16cm

※以紅茶&咖啡染色的方法參見P.65。

其它
・咖啡染色花蕊（直徑2mm・雙蕊型）12根
・咖啡染色花蕊（直徑5mm・雙蕊型）1根
・古典蕾絲（寬1.5cm）20cm
・胸針式別針（2cm）1個
・♯26鐵絲（白色）10cm×6根
※壓克力顏料（深棕色）

製作勿忘草

1

花朵製作完成後，將6朵花集合成一束（花朵的作法參見P.66步驟1至6），再將花蕊的軸線塗上白膠&黏上鐵絲。

2

斜放莖布，剪成6片1cm×15cm的布條（此包含三色菫的莖布，莖布的裁剪方法參見P.63），再將莖布塗上白膠&纏繞鐵絲。以相同作法製作4根勿忘草。

製作三色菫

4　　大　　小

共製作1朵大三色菫&1朵小三色菫（三色菫的作法參見P.64步驟1至11・13）。

組裝

5

將1朵大三色菫・1朵小三色菫・4根勿忘草合在一起，調整全體的平衡感。

6

將剩餘的莖布塗上白膠，纏繞2至3圈。

7

組裝別針（別針的組裝方法參見P.63步驟16）。

約11cm

將蕾絲穿過別針&打一個蝴蝶結，完成！※蝴蝶結的打結處可塗上市售的防綻液來固定。請選用自己喜歡的產品。

P.28-31 蒲公英別針
原寸紙型（大葉子・小葉子・花萼）…P.69

材料
- 大花瓣1片（經膠水加工處理的黃色棉布）20cm寬2cm
- 小花瓣1片（經膠水加工處理的黃色棉布）15cm寬1.8cm
- 大葉子1片（經膠水加工處理的綠色棉布）10cm寬7cm
- 小葉子1片（經膠水加工處理的綠色棉布）8cm寬6cm
- 花萼2片（經膠水加工處理的綠色棉布）10cm寬4cm
- 莖布4片（經膠水加工處理的綠色棉布）4cm寬8cm
- 固定布（經膠水加工處理的綠色棉布）5cm寬1.5cm
- 胸針式別針（2.5cm）1個
- #28鐵絲（白色）12cm×4根

※「膠水加工的方法」參見P.37。

製作花朵

小花瓣

大花瓣　　　　　　0.3cm

0.6至0.7cm

在大·小花瓣布片的下方預留0.6至0.7cm的空間，自上緣以0.3cm的間距剪出一道道牙口。

將鐵絲的一端下摺0.5cm。

將鐵絲下摺的部分，勾在花瓣布片尾端往內數的第二個牙口上。

將花瓣布片的下方空間塗上白膠。

平行地進行捲繞。

加上花萼

大=約2.5cm
小=約2cm

花瓣捲繞完成。大花瓣的完成直徑約2.5cm，小花瓣的完成直徑約2cm。

自花萼布片的下緣，以0.4cm的間距剪出一道道牙口。

將花瓣下方塗上白膠。

纏繞上花萼。

花萼纏繞一圈&黏在花瓣上。

將花瓣的底部塗上白膠。

將花萼摺向花瓣底部，並黏合固定。

大　　小

製作大·小花朵。

68

製作葉子

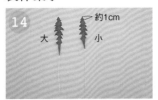
14 約1cm 大 小

製作大・小葉子（葉子的作法參見P.39步驟11至14）。

加上莖布

15

將大花朵、小花朵、大葉子、小葉子集合成一束，調整整體平衡。

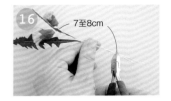
16 7至8cm

併攏鐵絲後，修剪整齊。

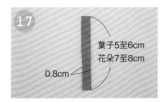
17 葉子5至6cm 花朵7至8cm 0.8cm

配合各鐵絲的長度，裁剪4片莖布。

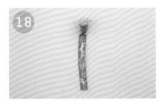
18

莖布塗上白膠後，將大花朵的鐵絲置於莖布上。

19

將莖布的右側往左摺，並黏合固定。

20

將莖布的左側一邊拉直，一邊纏捲鐵絲。

21

莖布包捲完成。

組裝

22

以相同作法將小花朵、大葉子、小葉子一一包上莖布。

23

將大花朵、小花朵、大葉子、小葉子均衡地集合成一束，再將剩餘的莖布塗上白膠，在鐵絲上纏繞1至2圈。

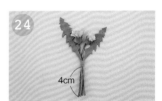
24 4cm

組裝完成。

25

在別針背面塗上白膠，以避開葉子的方式將別針黏到花瓣的莖上。再打開別針，將固定用的布料塗上白膠，連同別針＆花莖一起纏繞2至3圈，加以固定。

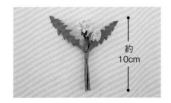

約10cm

完成！

原寸紙型

※重疊2片布料製作1片大葉子或小葉子。
※直線裁的部件依材料標示裁剪即可。

大葉子（1片） 小葉子（1片）

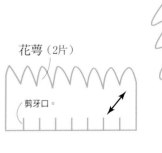
花萼（2片）
剪牙口。

P.29-32 含羞草別針

原寸紙型（葉子）…P.71

材料
- 花25片（黃色絨布）10cm寬2cm
- 葉子1片（經膠水加工處理的綠色棉布）10cm寬6cm
- 胸針式別針（2.5cm）1個
- ＃28鐵絲（白色）10cm×26根
- 25號繡線（米白色）

※「膠水加工的方法」參見P.37。

製作花朵

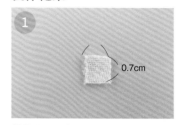

1
將花朵布料剪成25片長寬皆為0.7cm的正方形布片。

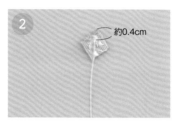

2
將鐵絲一端下摺約0.2至0.3cm。再將花朵布料的背面塗上白膠，如圖所示將鐵絲放在布料上。

3
將上方三角形的部分往下摺，剪去右側布料。

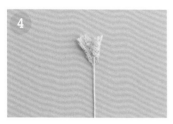

4
右側塗上白膠後往內摺，捲覆鐵絲。

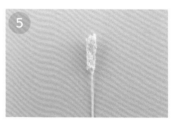

5
左側塗上白膠後往內摺＆捲覆鐵絲，花朵完成。

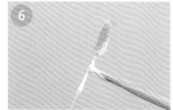

6
將花朵底部的鐵絲塗上白膠。

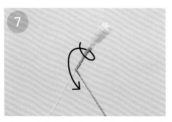

7
以25號繡線（米白色）平均地纏繞1至1.5cm。　※取2股繡線進行纏繞，以下皆同。

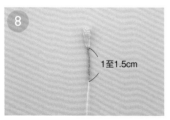

8
繡線捲繞完成。

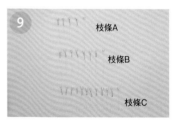

9
以相同作法製作枝條A的花朵（4朵捲繞繡線，1朵不捲繡線）・枝條B的花朵（7朵捲繞繡線，1朵不捲繡線）・枝條C上的花朵（11朵捲繞繡線，1朵不捲繡線）。

製作枝條

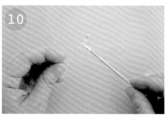

10
製作枝條A。自無捲繞繡線的花朵開始，先將花朵的根部塗上白膠。

以繡線纏繞的方式將第二朵花組合進來。請一邊塗上白膠，一邊以繡線纏繞2根鐵線。

繼續組合第三朵花。將三根鐵絲合在一起，並以繡線纏繞固定。

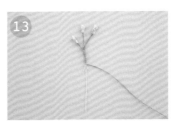

為了不使花莖過於粗大，先剪去多餘的鐵絲，再塗上白膠平均地纏上繡線。

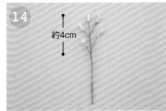

約4cm

以相同作法加上第四、第五朵花，再以繡線纏繞至鐵絲末端為止，枝條A完成。

製作葉子

組裝

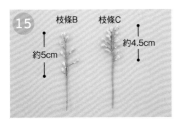

枝條B　枝條C
約5cm　約4.5cm

以相同作法製作枝條B＆枝條C。

約1cm

葉子製作完成後（葉子的作法參見P.39步驟11至14），以繡線纏繞葉子的鐵絲。

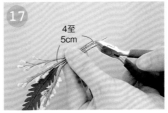

4至5cm

將枝條A、枝條B、枝條C、葉子集合成一束，再調整全體平衡感＆將鐵絲修剪整齊。

0.5cm

塗上白膠，以繡線纏繞0.5cm加以固定。

在別針背面塗上白膠，黏在步驟18圖示中纏繞繡線的位置。

打開別針＆塗上白膠，再以繡線纏繞，牢牢地固定別針＆花莖。

▌原寸紙型

※重疊2片布料製作1片葉子。
※直線裁的部件依材料標示裁剪即可。

葉子（1片）

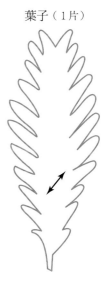

別針組裝完成。

約10cm

完成！

𝒫.30-33　葉子髮飾
原寸紙型（大葉子・小葉子）…P.80

・果實15片（藍色或白色棉布）6cm寬2cm
・大葉子9片、小葉子5片（經膠水加工處理的綠色棉布）
　30cm寬9cm
・髮釵（3.5cm）1個
・＃28鐵絲
　（果實用・白色）5cm×10根・6cm×5根
　（葉子用・白色）6cm×14根
・25號繡線（米白色）
※「膠水加工的方法」參見P.37。

製作果實

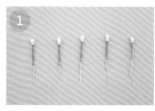

將果實布料裁剪成15片長寬各為0.7cm的正方形，製作5組果實。（果實的作法參見P.73步驟1・2）。
※取2股繡線進行纏繞，以下皆同。

製作葉子

大葉子

小葉子

將大葉子布料裁剪成9片6cm×3cm的布片，小葉子布料則裁剪成5片6cm×3cm的布片。再分別製作9片大葉子&5片小葉子（葉子的作法參見P.39步驟11至14・P.73步驟4），並將8片大葉子、4片小葉子的下端塗上白膠，以繡線各纏繞1.5cm。

製作枝條A

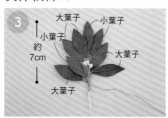

大葉子　小葉子
小葉子
約
7cm
大葉子
大葉子

自沒有纏上繡線的小葉子開始組合。參見P.73步驟5至8的作法，將5片大葉子、3片小葉子、3組果實集合成一束，以繡線纏繞至總長約7cm，並預留10至15cm長的繡線。

製作枝條B

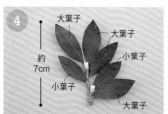

大葉子
大葉子
小葉子
約
7cm
小葉子
大葉子

自沒有纏上繡線的大葉子開始組合。參見P.73步驟5至8，將4片大葉子、2片小葉子、2組果實集合成一束，再剪除枝條B上多餘的鐵絲。

連接枝條A＆枝條B

枝條A

枝條B

將枝條B疊在枝條A上方，一邊塗上白膠，一邊以枝條A預留的繡線纏繞，連接枝條A＆枝條B。

剪去枝條A上多餘的鐵絲。

約13cm

枝條完成。

組裝髮釵

將枝條背面塗上白膠，黏上髮釵&以繡線纏繞固定。

髮釵組裝完成。

反摺一片葉子&調整形狀，完成！

P.31 -34 藍色&白色果實の別針

原寸紙型（葉子）…P.80

材料（1個）

- 果實12片（藍色或白色棉布）5cm寬2cm
- 葉子3片（經膠水加工處理的綠色棉布）24cm寬5cm
- 胸針式別針（2.5cm）1個
- #28鐵絲（果實用·白色）5cm×8根·10cm×4根
　　　　　（葉子用·白色）10cm×3根
- 25號繡線（米白色）

※「膠水加工的方法」參見P.37。

製作果實

1

將果實布料裁剪成12片長寬各為0.7cm的正方形，製作12根果實。（果實的作法參見P.70步驟1至5的花朵作法）。再將2根以5cm鐵絲製成的果實，以及1根以10cm鐵絲製成的果實組合起來，在果實根部上膠。

2

以25號繡線（米白色）纏繞1至1.5cm。
※以2股繡線進行纏繞，以下皆同。

3

① ② ③ ④

1至1.5cm

依相同作法以3根果實集合成束，共製作4組果實。

製作葉子

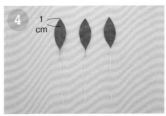

4

1cm

將葉子布料裁剪成3片8cm×5cm的布片，製作3片葉子（葉子的作法參見P.39步驟11至14）。並在其中2片葉子的下端塗上白膠，以繡線纏繞1至1.5cm。

製作枝條

5

自無纏繞繡線的葉子開始組合，先將葉子下端塗上白膠。

背面

6

一邊上膠，一邊以繡線纏繞葉子&果實①的鐵絲，將其組合在一起。

7

以相同作法依序加上果實②、葉子、果實③。為了不使枝條過於粗大，先剪去多餘的鐵絲再纏上繡線。

8

4至4.5cm

以相同作法加上葉子&果實④。繡線纏繞至末端時，將鐵絲修剪整齊。並以指尖搓揉線頭，使繡線包覆鐵絲斷面，。

約14cm

在背面加上別針（別針的裝法參見P.71步驟19·20），完成！

𝒫.32-35 康乃馨別針

原寸紙型（花瓣・基座布・基座）…P.80

材料（1個）

- 花瓣表布5片（印花棉布）30cm寬6cm
- 花瓣裡布5片（格子或點點棉布）30cm寬6cm
- 基座布1片（格子或點點棉布）4cm寬4cm
- 雙面布襯30cm寬6cm
- 厚紙2cm×2cm
- 胸針式別針（2cm）1個

製作花朵

剪裁完成

花瓣表布

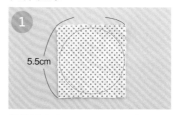

1 將花瓣的表布＆裡布各自剪出5片5.5cm×5.5cm的布片後，在雙面布襯的兩面分別貼上表布＆裡布，並畫上花瓣紙型。※若沒有雙面布襯，可將表布或裡布薄薄地塗一層膠水，再將兩者黏合。

5.5cm

2 以鋸齒剪刀沿紙型線內側裁剪（以刀刃沿著線，順暢地裁剪）。

3 將花瓣摺成四褶，在中央剪出半徑0.5cm的圓孔。

0.5cm

4 在中央圓孔旁預留0.5cm的空間，由外向內等距地剪出八道牙口。

5 在距離中央圓孔0.3cm處平針密縫，再拉線縮皺＆打結固定。※以2股繡線進行縫製，以下皆同。

6 捏住花瓣表布的中心位置，將表布宛如收入內側般的往中心摺。

中央花瓣

7 如圖所示，將4片花瓣接合在中央花瓣的四周，縫合固定。

8 取2片花瓣自最下端入針，牢牢地縫合固定。

9 以相同作法縫合5片花瓣，並整合成圓型。

製作基座

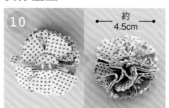

約4.5cm

10 製作基座＆接縫於花瓣裡布中央處（參見P.75步驟5至7・9）後，調整形狀，完成！

P.33-36・37 輕柔の花朵別針

原寸紙型（花瓣・葉子・基座布・基座）…P.80

36・37の材料（1個）

- 花瓣1片（a＝條紋或格子棉布）35cm寬35cm
  （b＝格子或條紋棉布）45cm寬4cm
- 葉子2片（條紋棉布）5cm寬4cm×2片
- 基座布1片（條紋或格子棉布）4cm寬4cm
- 厚紙2cm×2cm
- 胸針式別針（2cm）1個

製作花朵　※在此以作品36進行教作解說。

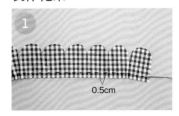

1

在距離花瓣下緣0.5cm處，平針密縫。並在進行至步驟3之前，不要剪斷縫線。

※以2股繡線進行縫製，以下皆同。

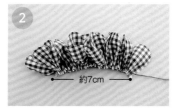

2

拉緊縫線，縮皺至7cm的長度，再打結固定。

3

自邊端開始將布層層捲起，再在底部縫合固定。

4

花瓣完成。

製作基座

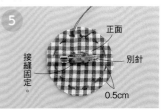

5

先在基座布正面縫上別針，再在距離基座布邊緣0.5cm處，平針密縫。

6

在基座布背面疊放上厚紙。

基座完成！

7

拉線縮皺包覆厚紙，再縫合固定。

縫上葉子

8

將2片葉子布塗上白膠黏合後，剪成葉子的形狀。再將2片完成的葉子均衡地放在花瓣後側中心處，縫合固定。

接縫基座

9

在步驟8圖示的中心位置放上基座，縫合固定。

調整形狀，完成！

36　*37*

P.34-38 包鈕別針

原寸紙型（基座布A・基座布B）…P.77

材料（1個）

・包鈕布料7片（印花棉布3種）各10cm寬10cm
・基座布A 1片、基座布B 1片（不織布・原色）7cm×2cm
・包鈕（直徑1cm）2個・（直徑1.2cm）2個・（直徑1.6cm）3個
・胸針式別針（2cm）1個
・#21鐵絲（綠色）12cm×8根
・花藝膠帶（寬1.2cm・綠色）

※若使用薄布料，請在背面貼上布襯。

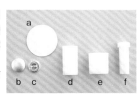

— memo —

作品*38*使用市售的包鈕套組，內容包括a紙型・b上鈕・c下鈕・d中管・e外管・f打棒。請依紙型大小裁剪布料。

製作包鈕

1 於外管上依序放置布料＆上鈕，再以打棒下壓。

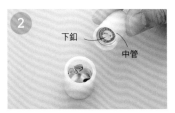

2 將下鈕放入中管。

3 將中管放入外管，以打棒用力下壓。再取出打棒＆中管，確認上鈕與下鈕是否準確接合。若沒有成功接合，可分開鈕釦重新製作。

4 再次將中管放入外管中，以打棒下壓後，以鐵鎚敲打2至3次。再移除打棒＆中管，自外管中取出包鈕。

製作花莖

5 ○是上・下鈕準確接合的漂亮成品，×則是露出布片的NG成品。只要在以鐵鎚敲打之前先確認狀況，就能立刻調整修正。試著多作幾個就能掌握訣竅喔！

6 將鐵絲穿過包鈕後對摺，並以鉗子自鈕釦底部扭轉鐵絲。

7 將鐵絲的末端修剪整齊。

8

將花藝膠帶剪出斜角。

9

將花藝膠帶黏貼在包釦的根部,並開始纏繞鐵絲。

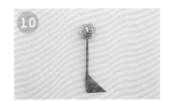

10

纏繞至鐵絲末端,剪去多餘的花藝膠帶。

11

以相同作法製作7根。

裝上基座

12

在基座A的上方中心位置,縫上直徑1.6cm的包釦。

13

在兩側縫上2個直徑1.6cm包釦。

14

視整體平衡,縫上2個直徑各為1.2cm・1cm的包釦。

15

將基座B縫上別針。

16

疊合基座A・B,以捲針縫接縫固定。

17

完成基座。

組裝

18

併攏花莖,以鐵絲在根部纏繞一圈。

19

將花藝膠帶剪成0.6cm的寬度,在之前繞圈的鐵絲上纏繞2至3圈。

0.6cm

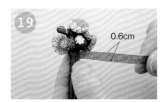

20

保留4cm長的花莖,將鐵絲修剪整齊。為了遮蓋鐵絲斷面,以手指揉捻的方式使膠帶邊包覆鐵絲。

完成!

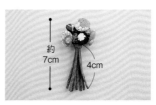

約7cm

4cm

原寸紙型

基座A・基座B(各1片)

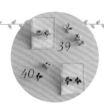

P.35-39・40 小布花耳針&耳夾

39の材料（1組）
- 花2片（印花細棉布）5cm寬2.5cm
- 網盤型耳夾（0.8cm）1組
- 小圓珠（白色）2個

40の材料（1組）
- 花2片（印花細棉布）5cm寬2.5cm
- 網盤型耳針（0.8cm）1組
- 小圓珠（白色）2個

關於網盤型耳夾&耳針

網盤

網盤金屬底座

將網盤&基座組合在一起後，摺下爪齒即可完成。若耳針部分變成耳夾，則是網盤型耳夾。

製作花朵 ※在此以作品40的耳針進行教作解說。

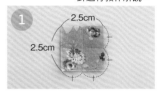

2.5cm
2.5cm

將花朵布料剪成2片長寬均為2.5cm的正方形布片，並對摺兩次作出褶痕。

將四個邊角往中央摺入。

取四邊中心位置，以縫線接連起來。
※取2股繡線進行縫製，以下皆同。

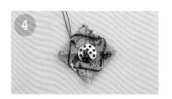

將網盤凸起的部分朝上，疊放於中心位置。

拉緊縫線，使布包覆網盤。

在中央縫上一顆小圓珠。

結目

縫好之後，將縫針穿過網盤上的洞，從花朵下方出針，然後打結固定。

組裝花朵

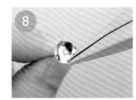

將網盤金屬底座上兩個距離較近的爪齒，以鉗子稍微下壓。

將花朵放進網盤金屬底座中，以下壓的爪齒夾住花朵。

以鉗子下壓四個爪齒，牢牢地固定花朵。

以熨斗尖端壓平花瓣，調整花朵形狀。
※由於花瓣很小，使用熨斗時請特別小心，避免燙傷。

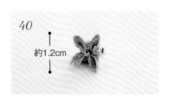

40

約1.2cm

耳針式耳環完成！

39

耳夾式耳環作法亦同。

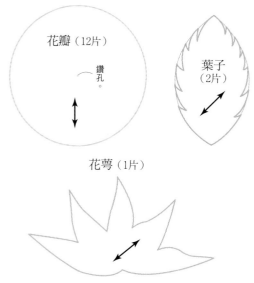
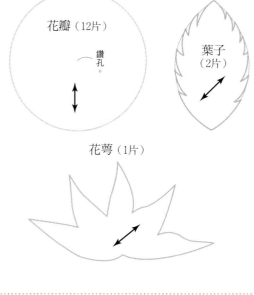

花瓣（12片）
鑽孔。

葉子（2片）

花萼（1片）

14·15 原寸紙型
※黏合葉子表布＆裡布，製作1片葉子。

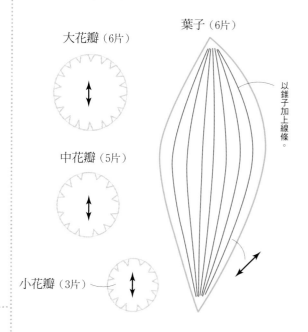

大花瓣（6片）

葉子（6片）

中花瓣（5片）

小花瓣（3片）

以錐子加上線條。

13 原寸紙型　※重疊2片布料製作1片葉子。

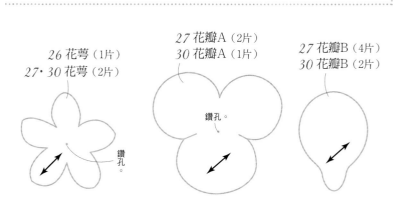

大花瓣（10片）　中花瓣（10片）　小花瓣（10片）　花萼（1片）　葉子（3片）
鑽孔。

26至30 原寸紙型

29 基底（2片）

28 花（26朵）
29 花（20朵）
30 花（24朵）

鑽孔。

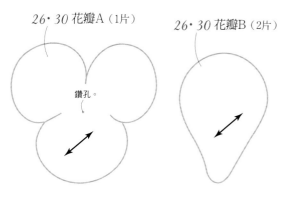

26 花萼（1片）
27·30 花萼（2片）
鑽孔。

27 花瓣A（2片）
30 花瓣A（1片）
鑽孔。

27 花瓣B（4片）
30 花瓣B（2片）

26·30 花瓣A（1片）
鑽孔。

26·30 花瓣B（2片）

※直線裁的部件依材料標示裁剪即可。

※皆重疊2片布料製作1片大花瓣＆1片小花瓣。

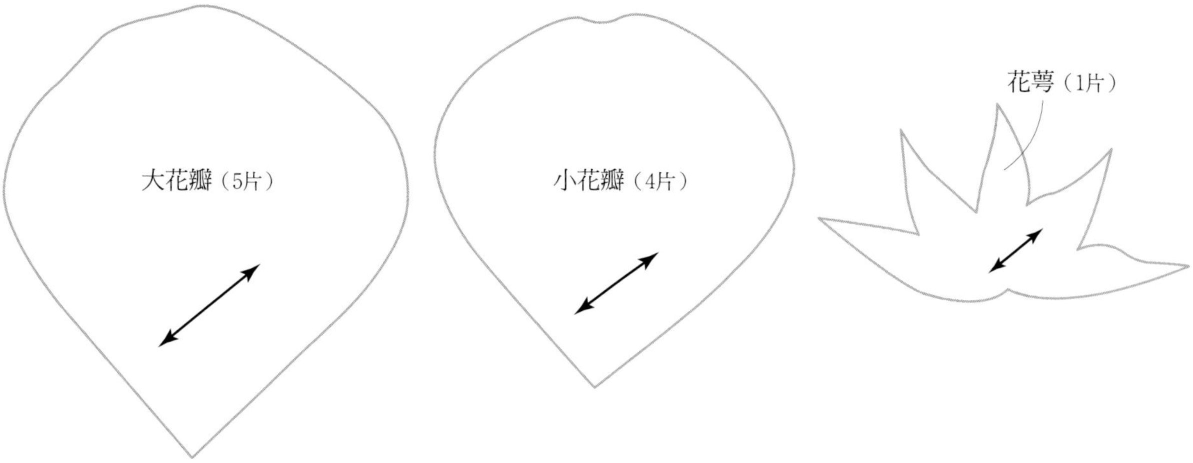

大花瓣（5片）

小花瓣（4片）

花萼（1片）

33‧34 原寸紙型

※皆重疊2片布料製作1片大葉子＆1片小葉子。

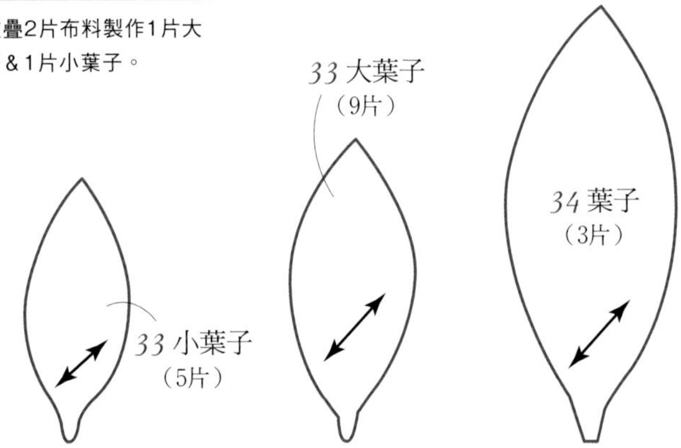

33 大葉子（9片）

34 葉子（3片）

33 小葉子（5片）

35至37 原寸紙型

※重疊2片布料製作1片葉子。

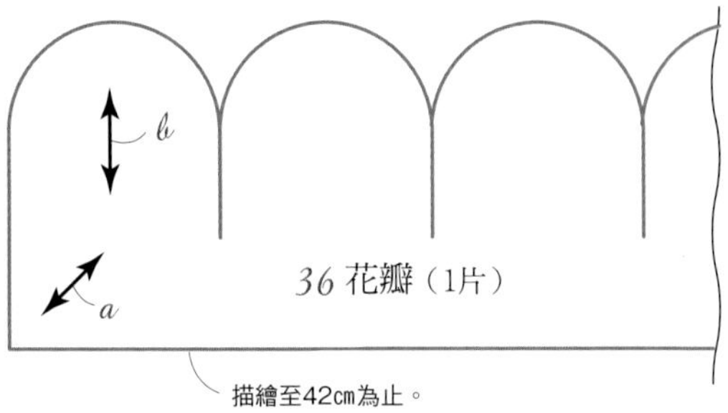

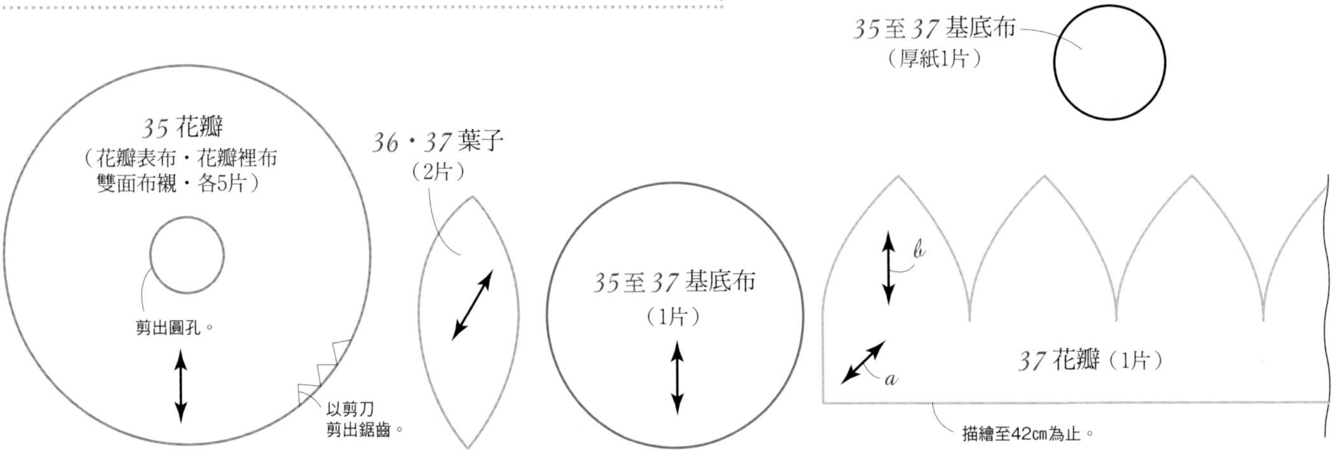

b

a

36 花瓣（1片）

描繪至42cm為止。

35至37 基底布（厚紙1片）

35 花瓣
（花瓣表布‧花瓣裡布
雙面布襯‧各5片）

剪出圓孔。

以剪刀剪出鋸齒。

36‧37 葉子（2片）

35至37 基底布（1片）

b

a

37 花瓣（1片）

描繪至42cm為止。

※直線裁的部件依材料標示裁剪即可。

🪡 輕・布作 44

簡單手縫×黏合就OK！
手作系女孩の小清新布花飾品設計

作　　者／BOUTIQUE-SHA
譯　　者／廖紫伶
發 行 人／詹慶和
總 編 輯／蔡麗玲
執行編輯／陳姿伶
編　　輯／蔡毓玲・劉蕙寧・黃璟安・李宛真
執行美編／周盈汝
美術編輯／陳麗娜・韓欣恬
內頁排版／造極彩色印刷
出 版 者／Elegant-Boutique新手作
發 行 者／悅智文化事業有限公司　　郵政劃撥帳號／19452608
戶　　名／悅智文化事業有限公司
地　　址／新北市板橋區板新路206號3樓
網　　址／www.elegantbooks.com.tw
電子郵件／elegant.books@msa.hinet.net　　電　話／(02)8952-4078
傳　　真／(02)8952-4084

2018年5月初版一刷　定價320元

Lady Boutique Series No.4459
NUNO DE TSUKURU OHANA NO ACCESSORY
© 2017 Boutique-sha, Inc.
All rights reserved.
Original Japanese edition published in Japan by BOUTIQUE-SHA.
Chinese (in complex character) translation rights arranged with BOUTIQUE-SHA.
through KEIO CULTURAL ENTERPRISE CO., LTD.

經銷／易可數位行銷股份有限公司
地址／新北市新店區寶橋路235巷6弄3號5樓
電話／(02)8911-0825　傳真／(02)8911-0801

國家圖書館出版品預行編目(CIP)資料

簡單手縫x黏合就OK!：手作系女孩の小清新布花飾
品設計 / BOUTIQUE-SHA著；廖紫伶譯. -- 初版. --
新北市：新手作出版：悅智文化發行, 2018.05
　面；　公分. -- (輕.布作；44)
譯自：布で作るお花のアクセサリー
ISBN 978-986-96076-5-0(平裝)

1.花飾 2.手工藝

426.77　　　　　　　　　　　　　　107005218

Elegantbooks
以閱讀，享受幸福生活

雅書堂

EB 新手作

雅書堂文化事業有限公司
22070新北市板橋區板新路206號3樓
facebook 粉絲團:搜尋 雅書堂
部落格 http://elegantbooks2010.pixnet.net/blog
TEL:886-2-8952-4078 ・ FAX:886-2-8952-4084

輕·布作 24

簡單×好作
初學35枚和風布花設計
福清◎著
定價280元

輕·布作 25

從基本款開始學作61款手作包
自己輕鬆作簡單&可愛的收納包
（暢銷版）
BOUTIQUE-SHA◎授權
定價280元

輕·布作 26
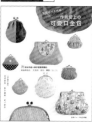
製作技巧大破解！
一作就愛上的可愛口金包
日本ヴォーグ社◎授權
定價320元

輕·布作 28

實用滿分·不只是裝可愛！
肩背&手提ok的大容量口金包
手作提案30選
BOUTIQUE-SHA◎授權
定價320元

輕·布作 29

超圖解！
個性&設計感十足的94枚可愛
布作徽章×別針×胸花×小物
BOUTIQUE-SHA◎授權
定價280元

輕·布作 30

簡單·可愛·超開心手作！
袖珍包兒×雜貨の迷你布作小
世界
BOUTIQUE-SHA◎授權
定價280元

輕·布作 31

BAG & POUCH·新手簡單作！
一次學會25件可愛布包＆波奇
小物包
日本ヴォーグ社◎授權
定價300元

輕·布作 32

簡單才是經典！
自己作35款開心背著走的手作布
BOUTIQUE-SHA◎授權
定價280元

輕·布作 33

Free Style！
手作39款可動式收納包
看波奇包秒變小錢包、包中包、小提包、
斜背包……方便又可愛！
BOUTIQUE-SHA◎授權
定價280元

輕·布作 34

實用感最高！
設計感滿點的手作波奇包
日本VOGUE社◎授權
定價350元

輕·布作 35

妙用墊肩作の37個款Q波奇包
2片墊肩→1個包·最簡便的防撞設
計！化妝包、3C包最佳選擇！
BOUTIQUE-SHA◎授權
定價280元

輕·布作 36

非玩「布」可！挑喜歡的布，作
自己的包
60個簡單＆實用的基本款人氣包＆布
小物·開始學布作的60個新手練習
本橋よしえ◎著
定價320元

輕·布作 37

NINA娃娃的服裝設計80+
獻給娃媽們～享受換裝、造型、扮演
故事的手作遊戲
HOBBYRA HOBBYRE◎著
定價380元

輕·布作 38

輕便出門剛剛好的人氣斜背包
BOUTIQUE-SHA◎授權
定價280元

輕·布作 39

這個包不一樣！幾何圓形玩創意
超有個性的手作包27選
日本ヴォーグ社◎授權
定價320元

輕·布作 40

和風布花の手作時光
從基礎開始學作和風布花的
32件美麗飾品
かくた まさこ◎著
定價320元

輕·布作 41

玩創意！自己動手作
可愛又實用的
71款生活感布小物
BOUTIQUE-SHA◎授權
定價320元

輕·布作 42

每日的後背包
BOUTIQUE-SHA◎授權
定價320元

輕·布作 43

手縫可愛の繪本風布娃娃
33個給你最溫柔陪伴的布娃兒
BOUTIQUE-SHA◎授權
定價350元